平面通用原型
女装成衣制版原理与实例

尚祖会 著

纺织服装高等教育「十四五」部委级规划教材

东华大学出版社
·上海·

图书在版编目（CIP）数据

平面通用原型女装成衣制版原理与实例 / 尚祖会著. — 上海：东华大学出版社，2022.1
ISBN 978-7-5669-1977-9

Ⅰ.①平… Ⅱ.①尚… Ⅲ.①女服－服装量裁 Ⅳ.①TS941.717

中国版本图书馆CIP数据核字(2021)第201412号

责任编辑：徐 建 红
书籍设计：东华时尚

出　　　版：东华大学出版社（地址：上海市延安西路1882号　邮编：200051）
本 社 网 址：dhupress.dhu.edu.cn
天猫旗舰店：http://dhdx.tmall.com
销 售 中 心：021-62193056　62373056　62379558
印　　　刷：上海盛通时代印刷有限公司
开　　　本：889mm×1194mm　1/16
印　　　张：14
字　　　数：490千字
版　　　次：2022年1月第1版
印　　　次：2022年1月第1次
书　　　号：ISBN 978-7-5669-1977-9
定　　　价：99.80元

序

与尚祖会的相识缘自十多年前他来参加我的立裁培训课程，当时他给我的印象就是动手能力很强，领悟力很强，而且做事很严谨，是一个综合实力比较强的人。尚祖会的从业经历很丰富，从最初的样衣师、制版师到技术总监、技术管理，再到后来的培训师，样样干得都很出色。他有着比较全面扎实的技术功底，曾多次参加全国性的服装制版技术比赛，多次获奖，每一次获奖都充分展示了他的实力。从 2015 年起，他将自己多年工作的实践经验汇集成系列教学课程，在全国各地的企业及院校进行分享和传播，培养了众多的制版师、设计师、教师及学生；他把工业化的实用技术与立体的思维模式相结合，将不同的款式及变化原理进行严谨及详细的分析和解剖，他的课程强调学员的动手能力、发现及解决问题的能力，学员们普遍感觉尚老师的课程实用、接地气，体会到纸样转化成产品的准确性及实用性。一直以来，尚祖会老师秉承匠人的心态，以一种负责任的态度传承技术，他的教学原则是让每一个跟他学过的人都有美好的事业发展前景。尚祖会老师将自己多年的工作及教学经验汇集成这样一本高质量的学习用书，为院校及企业从事结构设计的专业人员提供了一本非常实用的技术参考书。他勇于钻研的学习精神、踏实专注的工作态度及娴熟的专业技术值得我们学习。相信这本书的出版能得到同行们的认可和广大读者的喜爱。

金 丽

（中国设计师协会技术委员会主任委员）

前　言

随着时代的发展，消费者审美水平的提升，对服装版型的要求也在不断提高。一名优秀的服装制版师不仅需要了解人的体型特点、人体与服装的运动关系，而且要熟练掌握平面制版和立体裁剪技术，通过省道的处理达到结构的平衡，借助各种制作工艺和不同面料特性，提升服装的舒适性、包容性，从而体现服装设计的比例协调、造型优美。平面制版和立体裁剪虽然是两种不同的制版方法，但在思维上是互相依存的，用立体的思维进行平面制版才能创造出立体的效果和准确的造型，而立体裁剪最后落地变成平面样板时，也需要用平面制版的方法才能获得精确的数据和顺畅的线条。其实无论用哪种方法，最后呈现的效果才是最重要的。所以服装制版师必须在前进的过程中不断发现每种方法的优点，合理结合和运用各种方法，并总结出更实用的制版方法。一件好的衣服不但要好穿，更要好看，所以在完善服装制版方法的同时，也要强调提升个人艺术审美水平的重要性。此书中的平面通用原型及其在各类款式中的实际应用是本人二十多年工作经验的总结，吸取了其他方法的优点，是二维与三维的结合，技术与艺术的交融。希望此书能给喜欢服装制版的朋友带去一些新的思路和方法，也希望能为中国服装技术的发展贡献绵薄之力。在此特别感谢我的学生曲慧慧花费大量时间完成此书的 CAD 制图。由于日常工作繁忙，本书编写时间紧迫，所以书中难免有差错，恳请专家和读者指正。

尚祖会

目　录

基础篇

1 女装平面通用原型

服装号型基础知识

一、号型表示方法

号型的号与型之间用斜线分开或横线连接，后接体型分类代号，即人体胸腰差组别。例如160/84A，其中的160号表示身高为160cm，84型表示净胸围为84cm，体型分类代号A表示女子人体胸腰差为18~14cm。套装的上下装号型不同，必须分别标注。由于儿童不区分体型，因此童装号型标志不包含体型分类代号。

二、号型系列

（一）成人号型系列

成人号型按照档差进行有规则的增减排列。按照国家标准规定，成人上装采用5·4系列（身高以5cm分档，胸围以4cm分档），成人下装采用5·4或者5·2系列（身高以5cm分档，腰围以4cm或2cm分档）。例如，160号适用于身高158~162cm的成人，上装88型适用于净胸围86~89cm的成人，下装68型适用于净腰围67~69cm的成人。

（二）儿童号型系列

儿童号型按身高划分为两段。一段是身高80~130cm的儿童，身高以10cm分档、胸围以4cm分档、腰围以3cm分档，组成上装10·4系列、下装10·3系列。另一段是身高135~160cm的儿童，身高以5cm分档、胸围以4cm分档、腰围以3cm分档。例如，上装56型适用于净胸围54~58cm的儿童，60型适用于净胸围58~62cm的儿童，女童下装52型适用于腰围51~53cm的儿童。

三、体型分类

根据人体的胸腰差，即净胸围与净腰围之差，我国成人可分为四种体型：Y体型、A体型、B体型和C体型。体型分类代号根据胸腰差的大小来确定。如果男子的胸腰差在22~17cm之间，则该男子属于Y体型；如果女子胸腰围差在8~4cm之间，则该女子的体型就是C体型（表1-1）。

表1-1 我国成人体型分类（单位：cm）

体型分类代号	男子胸腰差	女子胸腰差
Y	22~17	24~19
A	16~12	18~14
B	11~7	13~9
C	6~2	8~4

女装平面通用原型结构制图

女装平面通用原型效果图见图 1-1。160/84A 号型样板规格见表 1-2，成衣主要控制部位数值见表 1-3。制图主要名称对应英文缩写见表 1-4。

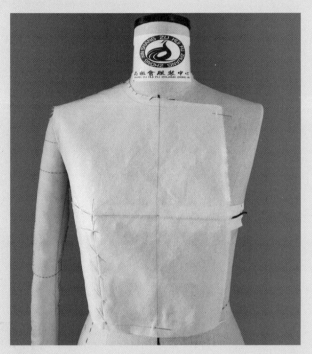
正视图

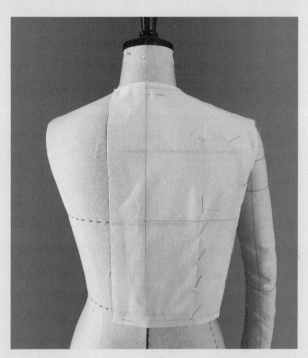
背视图

图 1-1

表 1-2 160/84A 号型样板规格（单位：cm）

部位	胸围	腰围	肩宽	背长
尺寸	84+8（松量）	68+8（松量）	39	38

表 1-3 160/84A 号型成衣主要控制部位（单位：cm）

部位	数值	部位	数值	部位	数值	部位	数值	部位	数值
身高	160	臀围	90	背长	38	总肩宽	39	颈椎点高	136
胸围	84	颈围	33.6	全臂长	50.5	头高	24	坐姿颈椎点高	62.5
腰围	68	胸高	25	腰围高	98	立裆深	24.5		

表 1-4 主要名称对应英文缩写

名称	缩写	名称	缩写	名称	缩写	名称	缩写
衣长	L	领围	N	袖口围	CW	胸围	B
后背长	BWL	肩宽	S	膝围	KL	腰围	W
袖长	SL	腰节长	WL	脚口围	SB	袖窿弧长	AH
裤长	TL	臀围	H	肩宽	S	乳点	BP

一、女装平面通用原型计算公式（表1-5）

表 1-5 女装平面通用原型计算公式

部位	公式	说明
后领宽	B/20+3.5cm	后中线至颈侧点的宽度
后领深	后领宽 /3	颈侧点至后领深的高度
胸围线	身高 /10+9cm	前片颈侧点至胸围线的高度
背长	B/4+17cm	后领深至腰围线的高度
后背宽	0.15B+5.4cm	后中线至后背宽线的宽度
前胸宽	背宽 −1.5cm	前中线至前胸宽线的宽度
前领宽	B/20+3cm	前中线至颈侧点的宽度
前领深	B/20+4cm	颈侧点至前领深线的高度
前胸围	B/4+1cm(前后差)+1.5cm(松)	前中线至侧缝的宽度
后胸围	B/4−1cm（前后差）+2.5cm(松)+1.5cm(省耗)	后中线至侧缝的宽度
总袖窿门宽	B/10+2.4cm	袖窿底的宽度
前胸省量	B/40+1.9cm	胸省量
前肩斜	21°	上平行线与肩斜线的角度
后肩斜	17°	上平行线与肩斜线的角度
前腰围	W/4+1cm(前后差)+2cm(松)	前腰围尺寸
后腰围	W/4−1cm(前后差)+2cm(松)	后腰围尺寸
后肩省量	B/40−0.6cm	肩省量
总腰省量	半身幅 − 腰围（含松)/2	总腰省量
前后腰节差	B/60	前后腰节差量
BP 点	B/10+0.5cm	胸点位置
半身幅	B/2+ 松 /2+1.5cm（省耗）	前中线至后中线的距离

注：B 代表净胸围，W 代表净腰围，松表示松量。

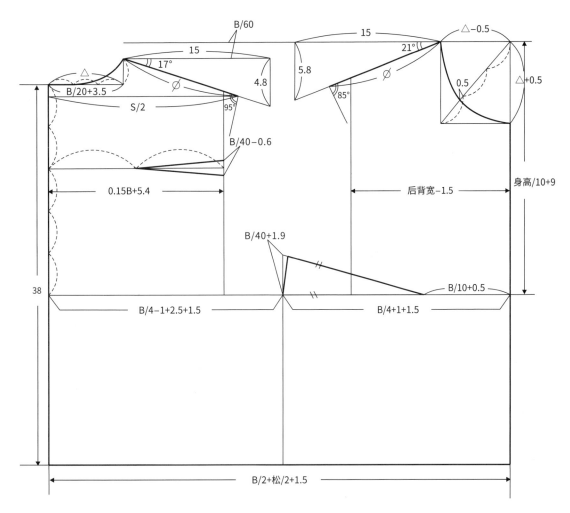

图 1-2 女装平面通用原型基本结构线

二、女装平面通用原型结构图及制图步骤

（步骤 1 ～ 15 见图 1-2）

1. 前中线：在右侧画一条垂直线作为前中线。

2. 腰围线：在下方画一条垂直于前中线的水平线作为腰围线。

3. 后中线：从前中线向左取 B/2+ 松 /2+1.5cm（省耗）为半身幅长度，然后向上画一条垂直线为后中线。

4. 后领口：从腰围线向上取 38cm 为背长，向右画水平线，取 B/20+3.5cm 为后领宽△，再向上画垂直线，取△/3 为后领深，得到颈侧点；用弧线连接颈侧点与后领宽线上第一个三等分点，画顺后领口弧线。

5. 前后上平线：从后颈侧点向右画水平线作为后上平线。从后上平线垂直向上取前后腰节差 B/60，从前中线向左画水平线作为前上平线。

6. 前领口：在前上平线上取△-0.5cm 为前领宽，得到颈侧点，从颈侧点向下画垂直线，取△+0.5cm 为前领深，向右画水平线，形成长方形。连接对角线并将其三等分，从第二个三等分点向上取 0.5cm，连接颈侧点和前领深点，画顺前领口弧线。

7. 前后肩斜线：取前肩斜角度为 21°，或者从前颈

侧点水平向左 15cm，再向下画垂直线长 5.8cm，然后和前颈侧点连直线作为前肩斜线；后肩斜角度为 17°，或者从后颈侧点水平向右 15cm，再向下画垂直线长 4.8cm，然后和后颈侧点连直线作为后肩斜线。

8. 胸围线：在前中线上取身高 /10+9cm，向左画水平线作为胸围线。

9. 前后胸围：前胸围 =B/4+1cm（前后差）+1.5cm（松）；后胸围 =B/4-1cm（前后差）+2.5cm（松）+1.5cm（省耗）。

10. 后肩长：从后中线向右取 S/2 画水平线作为肩宽水平线，与后肩斜线相交，交点为后肩点，后肩点至后颈侧点之间的长度为后肩长。

11. 前肩长：前肩长 = 后肩长。

12. 后背宽线：从后中线向右取 0.15B+5.4cm 画垂直线作为后背宽线。

13. 前胸宽线：从前中线向左取后背宽 -1.5cm 画垂直线作为前胸宽线。

14. 后肩省：在后中线上，将后领深点至胸围线之间的距离五等分，从第二个等分点向右画水平线直至与后背宽线相交，取其中点作为省尖点，省量为 B/40-0.6cm。

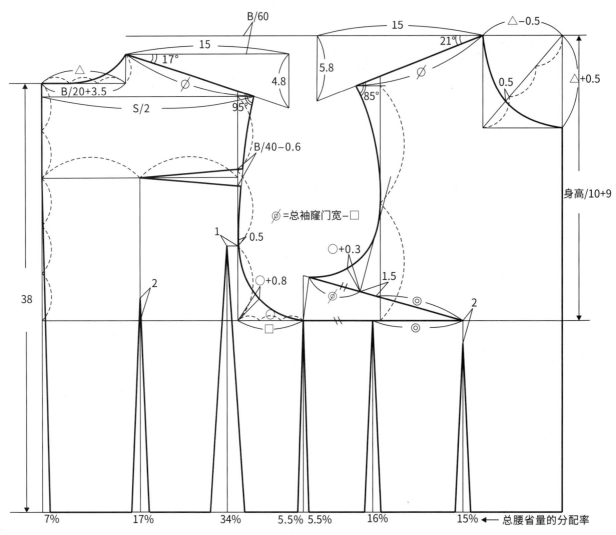

图 1-3 女装平面通用原型完成轮廓线

总腰省量=半身幅-腰围(含松)/2

15. 前胸省：从胸围线垂直向上，在侧缝延长线上取 B/40+1.9cm；从前中线向左，在胸围线上取 B/10+0.5cm 为 BP 点；用直线连接这两个点作为省边。在胸围线上量取 BP 点至侧缝之间的省边长度，并在另一条斜的省边上取同等长度。

（步骤16～20见图1-3）

16. 后袖窿弧线：在后背宽线上，将肩宽水平线与胸围线之间的距离三等分，从第二个三等分点向上取 0.5cm；量取后袖窿门宽为口，三等分为○，在后背宽线与胸围线之间夹角的角平分线上取○+0.8cm；用弧线连接后肩点、0.5cm 点、角平分线上 0.8cm 点及后侧缝顶点并画顺弧线，确保后袖窿弧线与后肩斜线之间的夹角为 95°。

17. 总袖窿门宽：总袖窿门宽 =B/10+2.4cm。

18. 前袖窿弧线：前袖窿门宽 = 总袖窿门宽 - 后袖窿门宽。在胸省的斜边上，从省道顶点向下取前袖窿门宽∅

并向上画垂直线形成夹角，在这个夹角的角平分线上取○+0.3cm；在前胸宽线上，将前肩点至胸围线之间的垂直距离等分；用弧线连接前肩点、前胸宽线上的等分点、角平分线上 0.3cm 点及前侧缝顶点并画顺弧线，确保前袖窿弧线与前肩斜线之间的夹角为 85°。

19. 前后腰围：前腰围 =W/4+1cm(前后差)+2cm(松)；后腰围 =W/4-1cm(前后差)+2cm(松)。

20. 腰省：从后肩省省尖向下画垂直线直至腰围线，在这条垂直线上，从胸围线向上取 2cm 作为后中腰省省尖点；从后背宽线上第二个等分点水平向左 1cm 作为后侧腰省省尖点，从省尖点向下画垂直线直至腰围线；在前胸省的斜边上，从前袖窿门底部向右 1.5cm，并在胸省的水平省边上，从 BP 点向左，取斜边上 1.5cm 点至 BP 点的距离，作为前侧腰省省尖点。总腰省量为半身幅 - 腰围（含松）/2，总腰省量的分配率从后中到前中依次为 7%、17%、34%、5.5%、5.5%、16%、15%。

2 衣身结构平衡与省量转移

衣身结构平衡

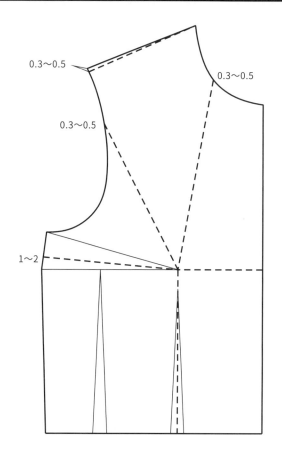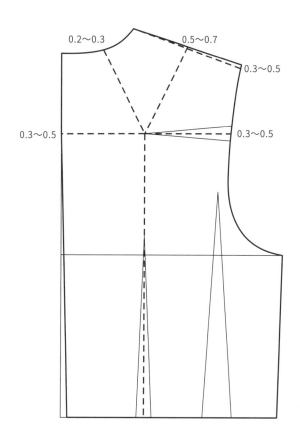

图 2-1

一、衣身结构平衡关键

衣身结构平衡的关键是保持前后腰节差,保持袖窿平衡以及调整前胸省量、后肩省量(同时也是决定袖窿平衡的关键)。

二、前胸省、后肩省用结构形式消除的方法

1. 前胸省旋转:对准 BP 点的 360° 收省。

2. 前胸省转移:在 BP 点附近的各种分割线以及褶皱。

3. 胸省下放:前衣身下放,腰围线和底边产生起翘量。

4. 前胸省宽松处理:袖窿、领口等产生纵向、横向宽松量。

5. 后肩省消除方式:省道、松量;分割线,褶皱。

三、前胸省、后肩省用工艺形式消除的方法

1. 归拢、缩缝。

2. 从一定意义上说,用工艺形式消除的省,其省量仍然存在,只不过是分散形式的省。工艺上进行省的分散要考虑面料特性以及款式结构、衣身造型的合理性。

四、省量的分配与衣身造型关系

1. 省量的分配可以采用单一形式,也可以采用多种形式,具体根据衣身造型、面料特性、款式结构来定。

2. A 形:前省量下放一部分,收省一部分,无省的话在肩斜、领口、前中处理,宽松可放在袖窿处。

3. H 形:前省量下放一部分,收省一部分,可根据面料特性、款式结构而定。

4. X 形:前省量下放 0.5cm,收省的位置对准 BP 点分散。

无省结构省量常用消除方法见图 2-1。无省结构省量消除以形成多位置分散形式的面为基本原则,不要形成点。图 2-1 的虚线为消除省量的常用位置和数值,实际操作时要根据具体款式结构、面料特性来选择合理的省量消除方法以及数值。

一、前分割线后倒褶

（一）款式图（图2-2）

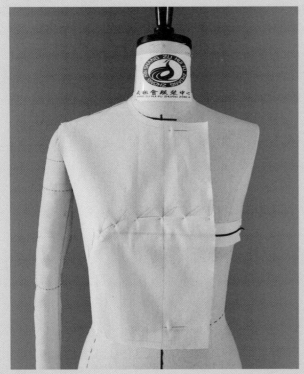 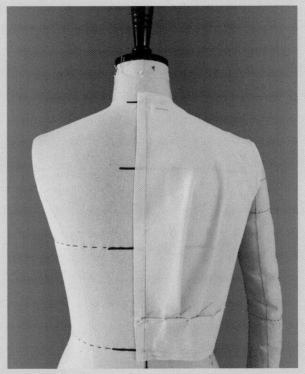

正视图　　　　　　　　　　　背视图

图 2-2

（二）制图步骤（图2-3）

1. 按照款式设计要求画分割线（图2-3a）。

2. 前片：先合并两个腰省，修顺腰围线，然后合并胸省，将省量转移到分割线的位置（图2-3b）。

3. 后片：先合并侧边腰省（在袖窿处剪开，以省尖点为中心将侧边腰省转移到袖窿处，因袖窿处展开的量仅1~2mm，可以忽略不计），再合并后中腰省并修顺腰围线、分割线和袖窿线。按照分割线的位置剪下后片下腰拼，并与前片合并在一起。将后中腰省剪开延伸到肩省省尖点的位置，合并肩省把量转移到后中腰省的位置，确定两个活褶的位置与褶量（褶的位置按照款式设计要求来定），将褶量对折，修顺分割线（图2-3c）。

4. 在制图过程中，分割线的位置、褶位的设置、褶量的大小都是通过对款式的比例分配和结构造型观察得来的，符合审美，数据并不是一成不变的。

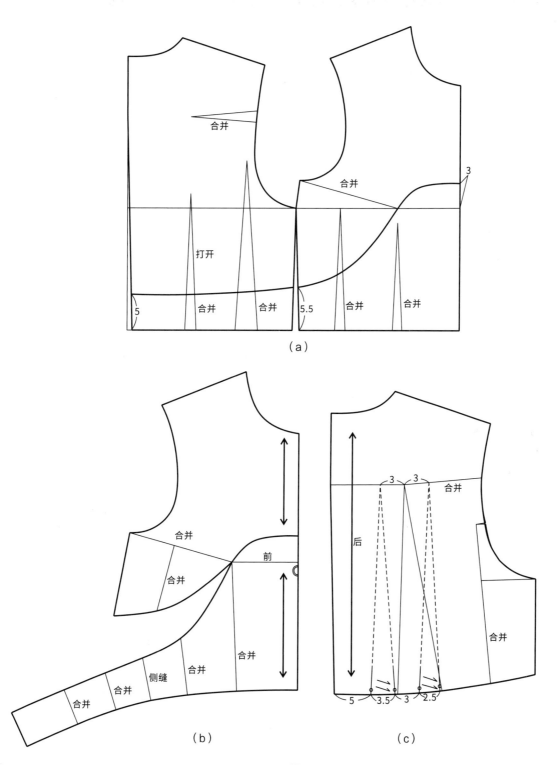

合并

合并

3

打开

5 合并 合并 5.5 合并 合并

（a）

合并

前

合并

侧缝 合并 合并

合并 合并

（b）

后

3 3 合并

合并

5 3.5 3 2.5

（c）

图2-3

二、领口、腰口倒褶

（一）款式图（图2-4）

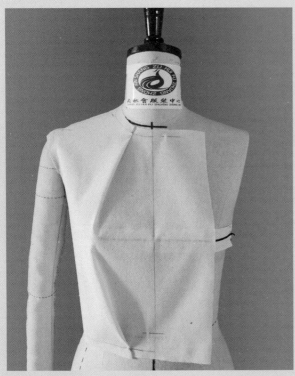

图2-4

（二）制图步骤（图2-5）

1. 按照款式设计确定倒褶位置，所有设定的数据都按照比例分配、结构造型和个人审美来定（图2-5a）。

2. 合并腰省，将量转移到胸省处，并修顺腰围线（图2-5b、图2-5c）。

3. 剪开领口和腰部的褶位线，将胸省平均分配到两个褶中，然后将褶量对折并倒向前中，修顺领口和腰围弧线（图2-5d）。

三、领口褶

（一）款式图（图2-6）

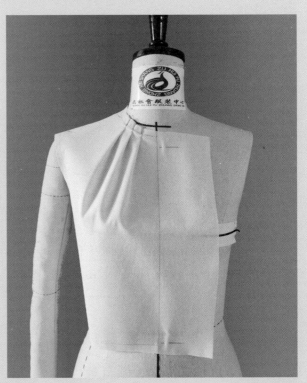

图2-6

（二）制图步骤（图2-7）

1. 按照款式画领口褶线，具体数据根据款式设计来定（图2-7a）。

2. 合并腰省，将量转移到胸省处，并修顺腰围线（图2-7b）。

3. 沿中间那条褶线剪开，将胸省合并转移到领口处（图2-7c）。

4. 沿另外两条褶线剪开，将领口省量分配在三条褶线处。分别将三个褶量对折并倒向前中，修顺领口弧线（图2-7d）。

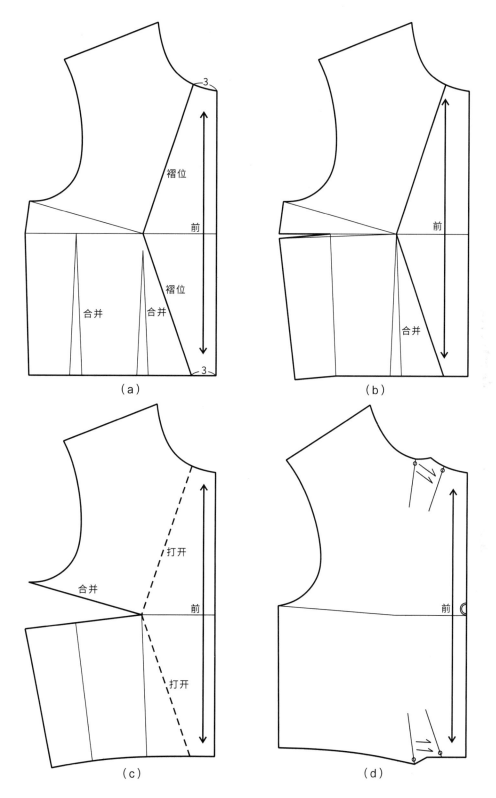

图2-5

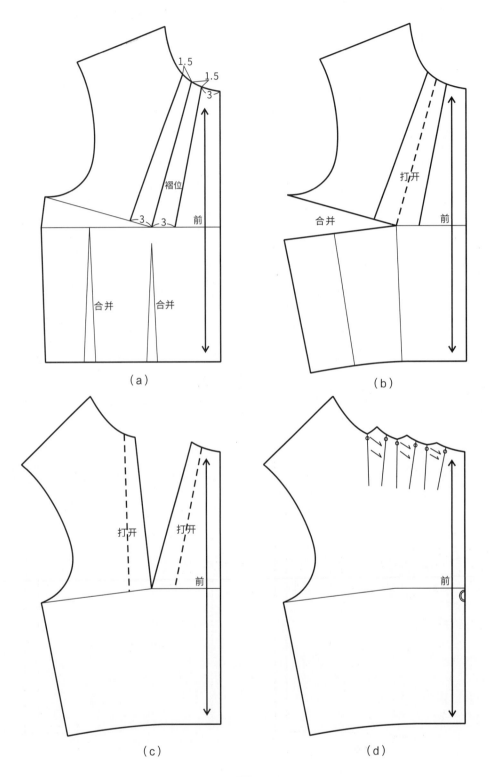

图 2-7

四、平行四边形褶

（一）款式图（图2-8）

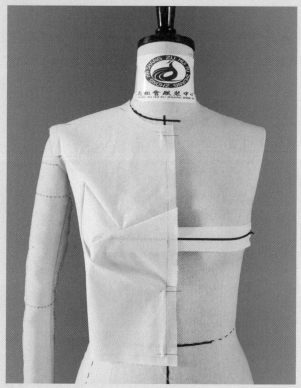

图2-8

（二）制图步骤（图2-9、图2-10）

1. 按照款式设计画袖窿处和前中的结构线（图2-9a）。
2. 合并前侧腰省（图2-9a）。
3. 合并胸省，将量转移到前中腰省处（图2-9b）。
4. 合并腰省，将量转移到前中设计省位处（图2-9c）。
5. 按照款式设计画剩余的结构线（图2-9d）。
6. 沿前中省中线剪开，再剪开袖窿到前中省的结构线，然后展开一定的量（具体数据由款式决定），补出展开量，对折向下倒并修顺边线（图2-10a）。
7. 沿侧面分割线剪开，将前片分成上下两片。下片沿前中褶线剪开，展开一定的量，补出展开量，对折向上倒并修顺边线（图2-10b）。

五、螺旋褶

（一）款式图（图2-11）

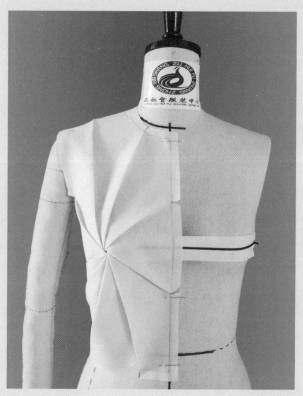

图2-11

（二）制图步骤（图2-12、图2-13）

1. 合并腰省，将量转移到胸省处（图2-12a）。
2. 以BP点为圆心作一个直径为0.5cm的圆（圆的直径由面料特性来决定，一般面料越厚直径越大）。按照款式设计确定数据画出结构线，线条与之前作的圆相切。合并胸省，将量转移到腋下结构线中（图2-12b）。
3. 从圆的位置开始依次沿结构线剪开并展开一定的量（展开量由款式决定，图例中展开量为6cm），将展开的形状画在新纸上（图2-13a）。
4. 连接各个尖点，并在两侧的位置各延伸3cm作为腋下省的褶量，将各线段向里平移2cm并连接起来（图2-13b）。

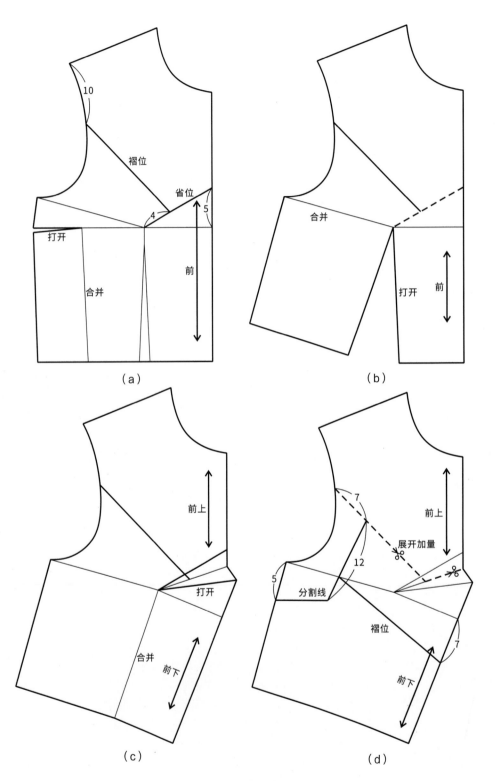

（a）

（b）

（c）

（d）

图 2-9

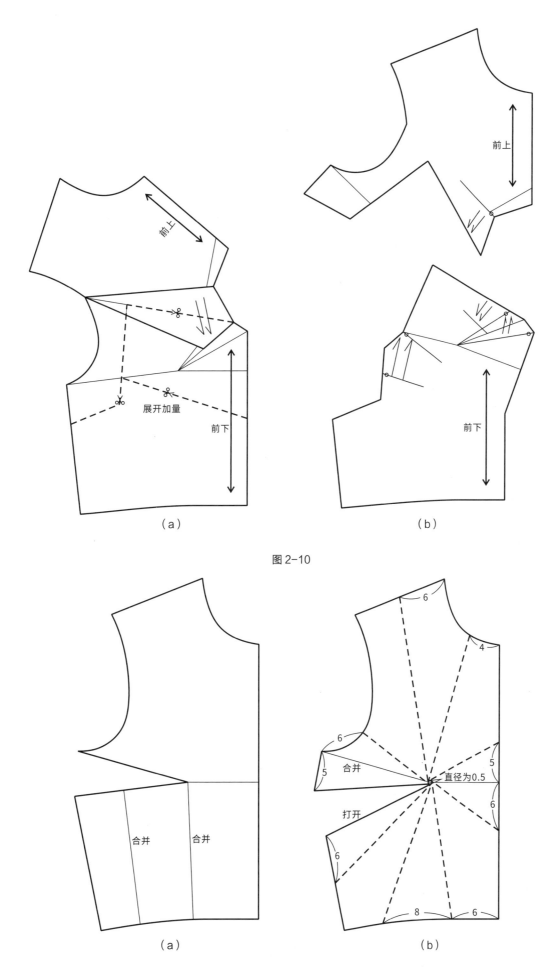

（a）　　　　　　　　　　　　　（b）

图 2-10

（a）　　　　　　　　　　　　　（b）

图 2-12

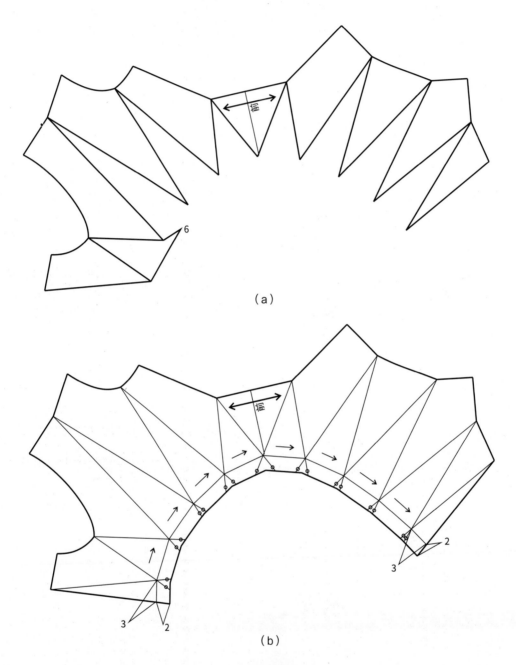

（a）

（b）

图 2-13

上装篇

3 无省衬衫

（一）款式图（图 3-1）

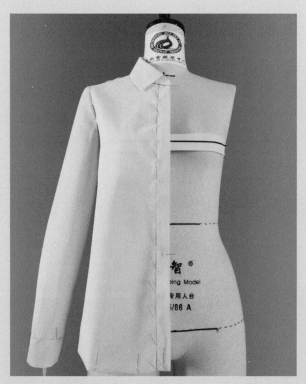

正视图

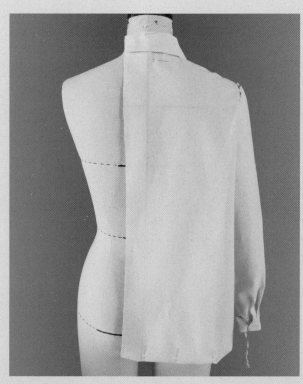

背视图

图 3-1

（二）样板规格（表 3-1）

表 3-1 样板规格表（单位：cm）

衣长	胸围	肩宽	袖长	袖口围
65	100	39	60	20

学习重点

1. 无省衣身结构处理。
2. 衬衫领、基础一片袖的结构制图。

在结构制图中，要融入立体的思维，特别是对款式、造型、比例、审美的理解，因为有很多数据是根据对款式的审美理解而来的。在保证穿着舒适度的前提下，数据更多是为造型美而服务的，每个款式都会有不同的数据。

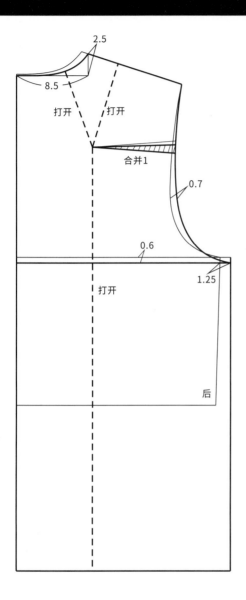
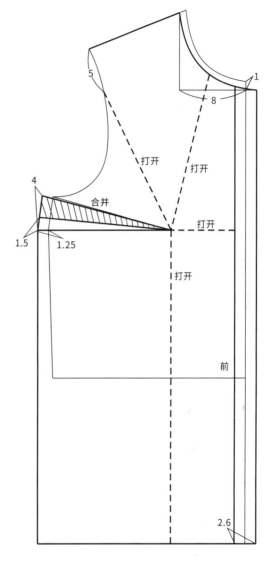

图 3-2

一、衣身制图步骤

（步骤 1 ~ 8 见图 3-2、图 3-3）

1. 臀围线：以女装平面通用原型为基础，从腰围线向下 20cm 画水平线作为臀围线。

2. 前门襟：在前中线左右两侧 1.3cm 处画平行线作为前门襟线，即前门襟宽度为 2.6cm（具体根据设计要求而定）。

3. 后领口：在后中线右侧 8.5cm 处作垂直线与肩线相交，交点为新颈侧点；从颈侧点垂直向下取后领深为 2.5cm，然后向后中线作垂线，垂线与后中线的交点为后领深点；连接颈侧点和后领深点作后领口弧线。前后

领宽和领深的数值都是根据款式设计而定的，并不是固定的，这里用到的是常规数值。

4. 前领口：在前中线左侧 8cm 处作垂直线与肩线相交，交点为新颈侧点。原型前领深点下降 1cm 为新领深点。连接颈侧点与前领深点作前领口弧线。注：*领口弧线的弧度会影响领子的效果。弧度越大，领子不系扣时越不易往两侧走，但一般情况下领子不系扣时向两侧微微张开才是比较理想的效果，所以领口弧度不宜太大（具体根据设计要求而定）。*

5. 侧缝：计算胸围规格尺寸与原型胸围的差值，从前后侧缝向外加出差值的 1/4 量。该款式为无省结构，原型胸围为 95cm，需从侧缝向外加出 1.25cm。在做有收腰省结构的款式时，原型胸围为 92cm。

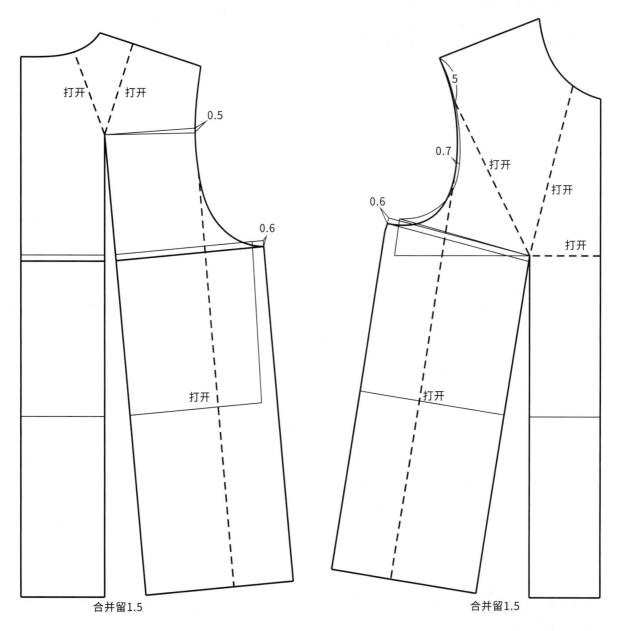

图3-3

6. 胸省的处理：在胸省外侧的平行线上量取4cm胸省量，并与BP点相连作为新省线。也就是说围度松量可以根据款式设计加大，但是胸省量不会随着围度松量的加大而加大。

7. 胸/背宽：在原型基础上，衣片胸围每增加1cm，胸/背宽增加0.6cm，按此比例胸/背宽增加约0.7cm。

8. 袖窿深：在原型基础上，胸围每增加1cm，袖窿深增加0.5cm。按此比例袖窿深需下落0.6cm，连接肩点、胸/背宽点及袖窿深点画顺袖窿弧线，袖窿底弧度需保持和原型一致。

（步骤9～14见图3-2、图3-3和图3-4）

9. 后片省及展开量的处理：过肩省省尖点作腰围线垂线并一直延伸到臀围线，沿该线段剪开，合并肩省留0.5cm的量，剩余量转移到剪开线处。剪开领口、肩缝处所对应的剪开线，将下摆处的省量分别分配到下摆1.5cm、领口0.2cm以及肩缝（剩余量），并且修顺领口弧线和肩缝。垂直于腰围线作袖窿弧线的切线且延伸到下摆处，剪开该线条并在下摆处展开1.5cm。侧缝位置下摆向外扩1cm，腋下点与新下摆点的连线为新的侧缝。修顺袖窿弧线。下摆打开量是根据款式造型而定的，省量转至领口、肩缝的量根据款式、面料的不同而不同。

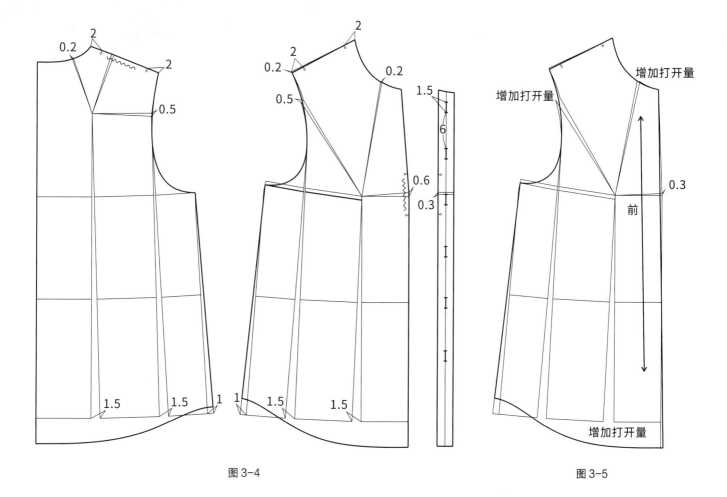

图 3-4

图 3-5

10. 前片省及展开量的处理：腋下点起翘 1.5cm，过 BP 点作腰围线、臀围线的垂线，沿该线段剪开，将省量转移到剪开线处，然后将前袖窿深平行下落 0.6cm 并修顺袖窿弧线。在领口、袖窿处分别作剪开线并沿线段剪开，从前中将胸围线剪开到 BP 点，将下摆的省量分别分配到下摆 1.5cm、袖窿 0.5cm、领口 0.2cm 以及前中 0.6cm（剩余量）。因前中的展开量偏大，前门襟在胸围线处平行加长前中展开量的一半（0.3cm），然后修顺领口弧线、袖窿弧线以及前中线。垂直于腰围线作袖窿弧线的切线且延伸到下摆处，剪开该线条并在下摆处展开 1.5cm。侧缝位置下摆向外扩 1cm，腋下点与新下摆点的连线为新的侧缝。肩缝处下落 0.2cm 为新的肩点，并且修顺袖窿弧线。*注：展开前中省量指的是不包含前门襟的前中线。*

11. 衣长：根据衣长尺寸从前片颈侧点垂直向下量定出衣长线，然后量取从臀围线到衣长线的长度，从后片臀围线向下量取相同长度。

12. 下摆弧线：将前后片侧缝拼在一起，按照款式造型画顺下摆弧线。

13. 肩缝对位记号：由于后片肩缝有展开量，所以需要做对位记号。前后片均从颈侧点和肩点向里 2cm 做对位记号，并且对齐肩缝检查前后片拼在一起时领口弧线和袖窿弧线是否顺畅。

14. 扣位：扣子的位置一般根据设计图确定，但是如果设计图在胸围处没有扣的话，需要在内侧增加一颗暗扣（防止走光），或者以胸围线为基准分配扣位。

二、格子面料的前片处理方法

面料图案为格子时，前中线不能为弧线，需要把前中变成直线，否则会影响格子图案的外观效果。

（步骤 1 ~ 3 见图 3-5）

1. 在图 3-4 前片的基础上，将前中打开量减小到 0.3cm，剩下的前中展开量（0.3cm）平均分配到领口、袖窿以及下摆处。

2. 领口到腰围线处连成直线，裁剪时布纹线方向与该直线平行。

3. 修顺袖窿弧线、领口弧线以及下摆弧线。

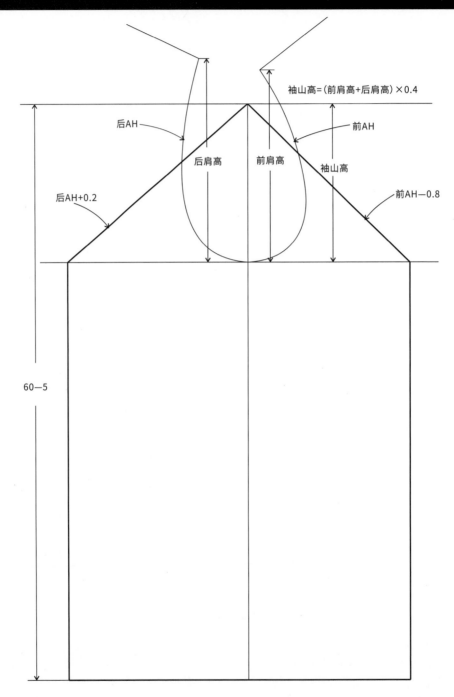

袖山高＝（前肩高+后肩高）×0.4

后AH　　　前AH

后肩高　前肩高　袖山高

后AH+0.2　　　前AH－0.8

60—5

图3-6

（步骤1～4见图3-6）

1. 基本框架：作水平线和垂直线相交成十字，复制衣身前后袖窿于垂直线左右两侧，并测量出对应的前AH、后AH、前肩高和后肩高。*注：复制袖窿时需保证胸围线与水平线平齐。*

2. 袖山高：袖山高＝（前肩高＋后肩高）×0.4。

3. 袖长：从袖山高点垂直向下取袖长作袖长线。这里

的袖长不包括袖克夫宽度，即袖长＝60cm（袖长规格尺寸）－5cm（袖克夫宽）。

4. 前后袖山斜线：前袖山斜线＝前AH－0.8cm；后袖山斜线＝后AH+0.2cm。0.8cm和0.2cm为袖山吃量，具体数值根据面料厚薄、款式要求而定，这里用到的数值为常用值。

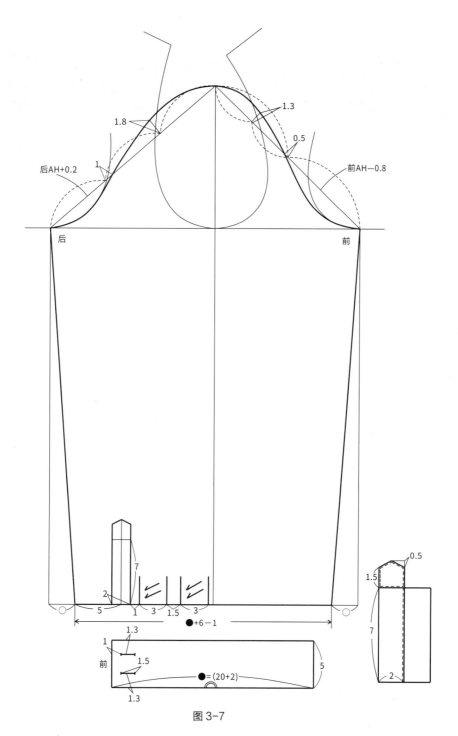

图 3-7

（步骤 5 ~ 8 见图 3-7）

5. 前后袖山弧线：以前后袖山斜线与水平线的交点为基点复制衣身前后袖窿底，两交点之间的距离为袖肥尺寸。将前袖山斜线等分，从等分点向上 0.5cm 找一点；将等分点上方的斜线再次等分，从这次的等分点向斜线上方作垂线并在垂线上取 1.3cm 找一点；连接袖山高点、1.3cm 点、0.5cm 点及袖肥点作为前袖山弧线。将后袖山斜线三等分，从第二个三等分点向上 1cm 找一点；从第一个三等分点向斜线上方作垂线并在垂线上取 1.8cm 找一点；连接袖山高点、1.8cm 点、1cm 点以及袖肥点作为后袖山弧线。注：后袖底弧线与后袖窿底弧线基本保持重合，前袖底弧线与前袖窿底弧线重合量在 2cm 以内。

6. 袖克夫：袖克夫长度 =20cm（袖口围）+2cm（搭门量），袖克夫宽为 5cm（具体依款式尺寸决定），按设计要求定出扣眼位。

7. 袖口：袖口宽度 = 袖克夫长度 +6cm（褶量）－1cm（开衩重叠量），再用袖肥尺寸减去袖口宽度，分别在前后袖缝去掉差值○。

8. 开衩及褶位的确定：从后袖缝线向右量 5cm 为开衩中线，中线左右各 1cm 为开衩边缘线，取长度 7cm 为开衩高，再根据款式要求定出褶位。在设计袖开衩及褶位时，数据一定要根据款式设计、外观效果而定。

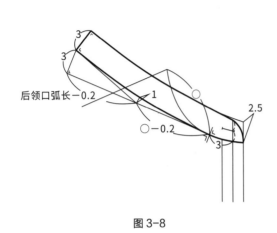

图 3-8

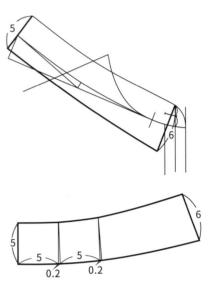

图 3-9

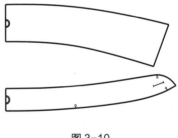

图 3-10

一、领座制图步骤

（步骤 1 ~ 5 见图 3-8）

1. 复制衣身前片领口。

2. 从前中线与领口弧线的交点向左，在前领口弧线上取 3cm 找一点，过该点作领口弧线的垂线，再垂直于这条垂线作领口弧线的切线。这里的 3cm 不是固定值，可以根据贴脖程度加大或减小。

3. 从切点到前颈侧点的领口弧线长度为○，在切线上取○ -0.2cm 找一点；量取后领口弧线的长度，再在切线上取后领口弧长 -0.2cm 得到一点；过该点向切线上方作垂线，在垂线上取 3cm 找一点为后领中心点（这个量会影响后领的贴合程度，数据越大，后领越贴合脖子）。连接后领中心点和切线上前后领口弧线长度的分界点，从分界点向切线上方取 1cm 找一点。连接后领中心点、1cm 点及切点并画顺领座下口弧线。

4. 从后领中心点向领座下口弧线上方作垂线，并在垂线上取 3cm 长为后领座高。从前领深点向上延伸 2.5cm 为领座前端高度，然后画顺领座上口弧线。

5. 领座扣位：在前中线上取领座宽度的二分之一确定扣眼位，扣眼长 1.5cm。

二、翻领制图步骤

（步骤 1 ~ 2 见图 3-9）

1. 从后领座向下延伸 2cm，即总长度 5cm 为翻领后领宽；从前中线与领座上口弧线的交点向下画线段 6cm 为翻领前领宽（该线段的倾斜度与长度取决于具体款式）；连接前后领宽点并修顺弧线作为翻领外口弧线。

2. 复制翻领形状，从后中向右依次取 5cm 画两条平行线，沿这两条线剪开，展开量为 0.2cm，重新修顺翻领外口弧线。

3. 领座与翻领完成片如图 3-10。

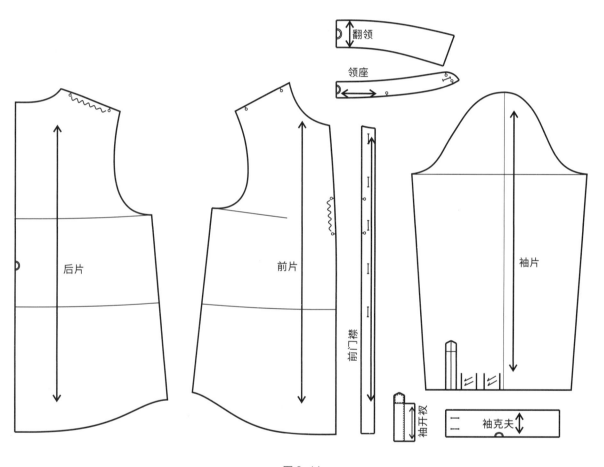

翻领

领座

后片

前片

前门襟

袖片

袖开衩

袖克夫

图 3-11

　　将所有裁片上的过程线删除,保留一些关键的线条,检查每片的对位记号确保完整,然后作布纹线并备注裁片名称。这里的裁片都为净版(图 3-11)。

4 连袖衬衫

（一）款式图（图4-1）

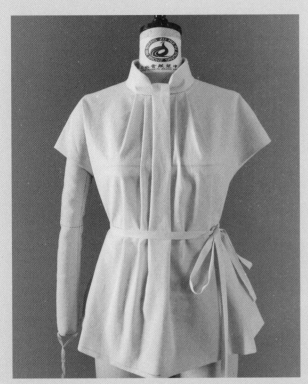

正视图

图4-1

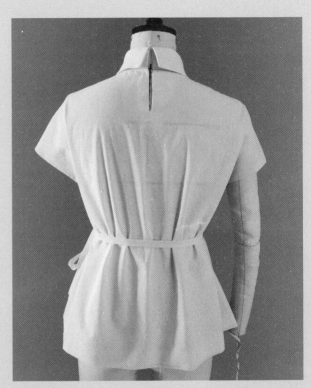

背视图

（二）样板规格（表4-1）

表4-1 样板规格表（单位：cm）

衣长	胸围	肩宽	袖长	袖口围
62	101	39	13	30

学习重点

1. 连袖结构制图方法。
2. 前片褶皱处理方式。

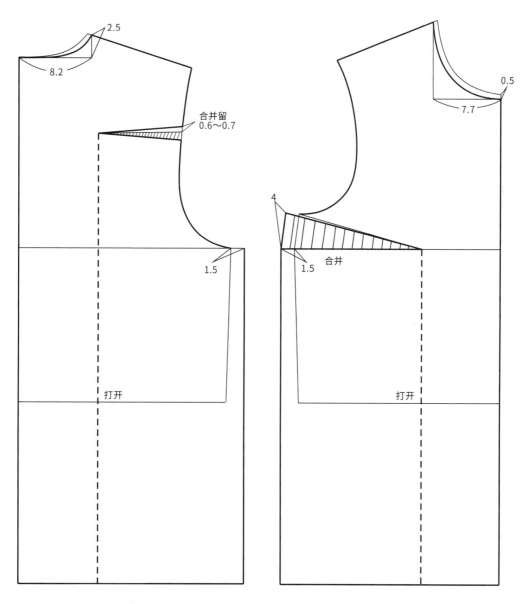

图4-2

（步骤1～4见图4-2）

1. 臀围线：以女装平面通用原型为基础，从腰围线向下20cm画水平线作为臀围线。

2. 后领口：在后中线右侧8.2cm处作垂直线并与肩线相交，交点为新颈侧点；从颈侧点垂直向下取2.5cm为后领深，画顺新的后领口弧线。

3. 前领口：在前中线左侧7.7cm处作垂直线并与肩线相交，交点为新颈侧点；原型前领深点下降0.5cm为新前领深点；画顺新的前领口弧线，保证前中领口位置为直角。领宽和领深的数据可根据款式的不同而变化。

4. 侧缝：根据设定的胸围规格尺寸，从前后侧缝向外各加出1.5cm。

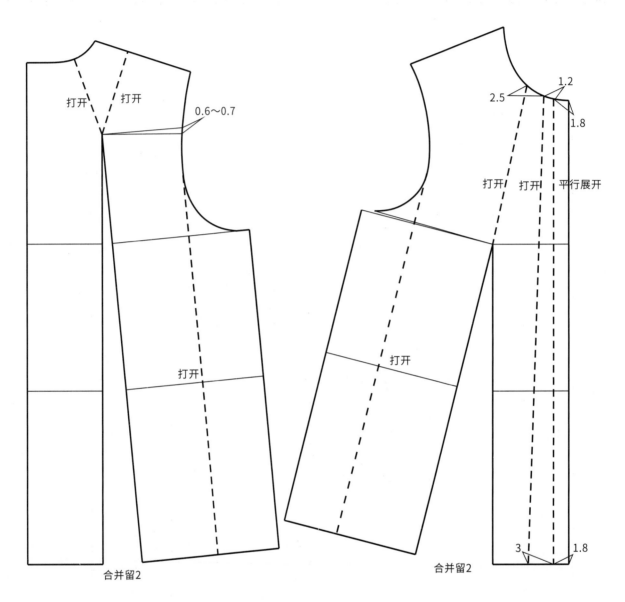

图 4-3

（步骤 5、6 见图 4-3）

5. 后肩省的处理：合并后肩省保留 0.6～0.7cm，剩下的量转移到下摆处。

6. 胸省的处理：合并胸省转移到下摆处。

（步骤 7～12 见图 4-3、图 4-4）

7. 后片展开量的操作：确定领口和肩缝上的展开线，合并下摆省留 2cm 的量，剩余量转移到领口 0.2cm（0.2～0.3cm）和肩缝，垂直于腰围线作袖窿弧线的切线且延伸到下摆处，沿线段展开，展开量为 2cm，侧缝位置下摆延伸量为 1cm。

8. 前片展开量的操作：按款式画结构线（数据依款式而定）。在前中线左侧 1.8cm 处作平行线，领口处取 1.2cm，下摆处取 3cm，连接直线；领口处再取 2.5cm，连接该点与 BP 点。合并下摆省留 2cm 的量，剩余量转移到领口褶中，打开中间褶（上开 2.4cm，下开 1.2cm），前中处的褶线平行展开 3.6cm。将领口褶和中间褶的褶量对折后按照领口形状修顺弧线，前中向上延伸 4cm 为包压领子的量，宽度修至褶量的二分之一处。

9. 领子：总宽度为 9cm，领子长度为前后领口弧线长度之和，纱向为斜纱，并在颈侧点的位置做对位记号。

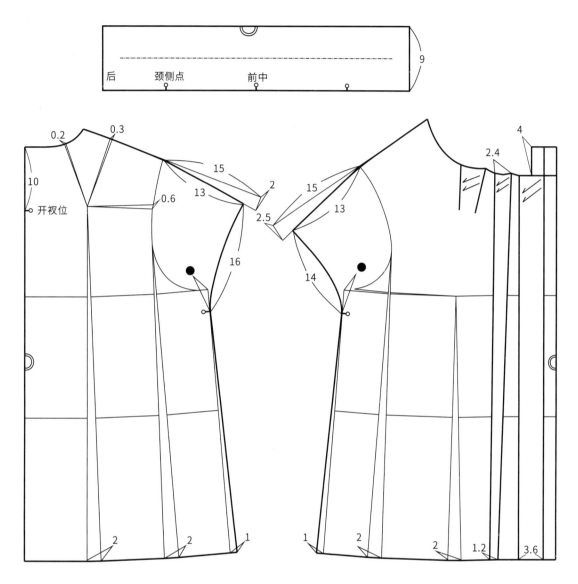

图 4-4

10. 后袖制作：后肩线延长 15cm，过该点向下作垂线，在垂线上取 2cm 得到一点，连接该点与后肩点，在这条连线上取袖长 13cm，修顺袖口线，使其与侧缝相切并保证袖口弧线长度为 16cm。修顺肩袖弧线。

11. 前袖制作：前肩线延长 15cm，过该点向下作垂线，在垂线上取 2.5cm 得到一点，连接该点与前肩点，在这条连线上取袖长 13cm，修顺袖口线，使其与侧缝相切并保证袖口弧线长度为 14cm。修顺肩袖弧线。*注：前片腋下点下降的深度与后片腋下点下降的深度要保持一致。*

12. 后领开衩：按照款式图画开衩位并做对位记号。

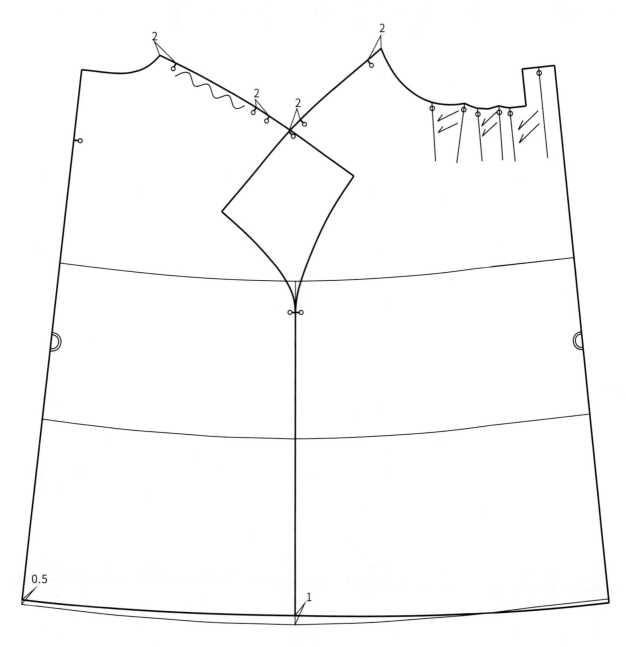

图 4-5

（步骤13、14见图4-5）

13. 衣长及下摆弧线：从前颈侧点向下量取衣长，保证前后新腋下点深度一致，将前后片侧缝拼在一起，修顺下摆弧线。

14. 对位点：在肩缝上，从领口和肩点位置分别向里2cm做对位记号。对齐肩缝，检查前后片拼在一起时领口弧线和袖口弧线是否圆顺。

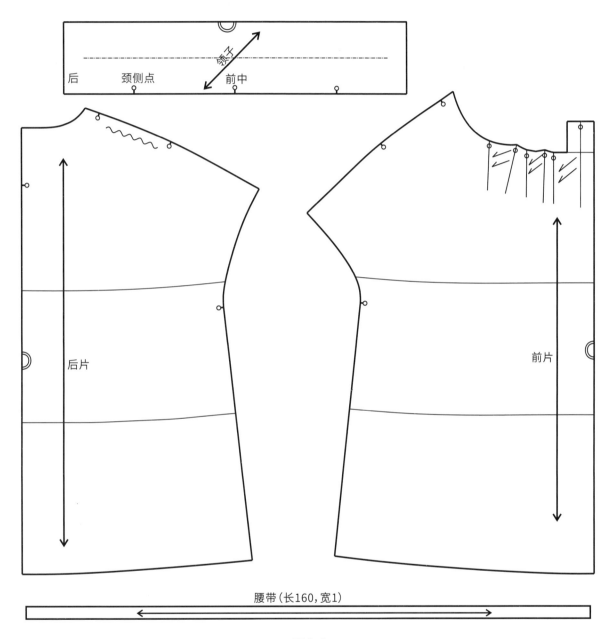

领子

后　　　　颈侧点　　　　前中

后片

前片

腰带（长160，宽1）

图 4-6

　　将所有裁片上的过程线删除，保留一些关键的线条，检查每片的对位记号确保完整，然后作布纹线并备注裁片名称。这里的裁片都为净版（图 4-6）。

5 立领荷叶边泡泡袖合体衬衫

（一）款式图（图5-1）

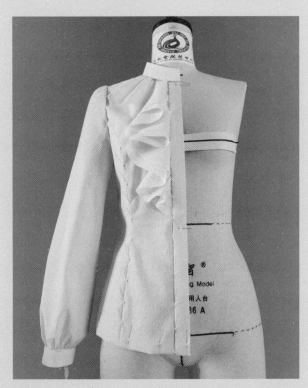

正视图　　　　　　　　　　　　　　　　　背视图

图5-1

（二）样板规格（表5-1）

表5-1 样板规格表（单位：cm）

衣长	胸围	腰围	肩宽	袖长	袖口围	臀围
62	92	76	35	60	20	104

学习重点

1. 立领、荷叶边结构制图方法。
2. 泡泡袖、喇叭袖结构制图方法。
3. 合体四开衣身结构制图。

衣身制图步骤

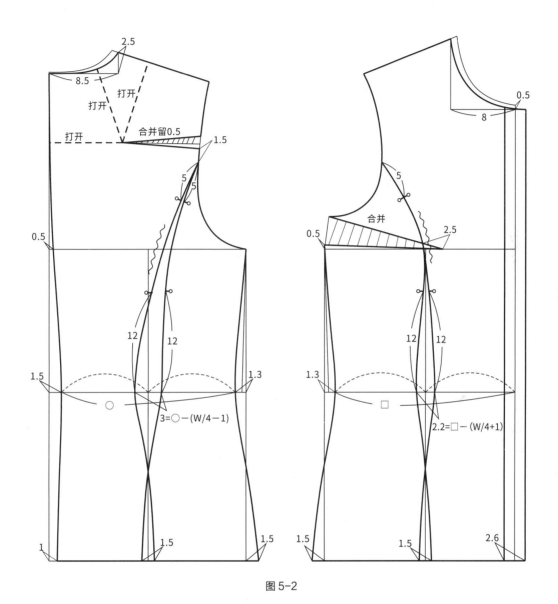

图 5-2

（步骤 1 ～ 12 见图 5-2）

1. 臀围线：以女装平面通用原型为基础，从腰围线向下 20cm 画水平线作为臀围线。

2. 前门襟：在前中线左右两侧 1.3cm 处画平行线作为前门襟线，即前门襟宽度为 2.6cm。

3. 侧缝：该款式胸围和原型胸围一致，过腋下点作垂直线即可，不用再加放松量。

4. 后领口：后领宽 8.5cm，后领深 2.5cm，画顺后领口弧线。

5. 前领：前领深 8cm，前领深在原型基础上下降

0.5cm，画顺前领口弧线。

6. 后背缝：从后中线向右，胸围线处收 0.5cm 得一点，腰围线处收 1.5cm 得一点，臀围线处收 1cm 得一点，以上三点连弧线作为后背缝线。

7. 前后腰围：前腰围 =W/4+1cm=20cm；后腰围 =W/4-1cm=18cm。

8. 后侧缝线：腰围线处侧缝向里收 1.3cm 得到一点；臀围线处侧缝向外出 1.5cm 得到一点；腋下点及上述两点连弧线作为后侧缝线。*注：臀围加量要根据款式臀围造型的不同而定。*

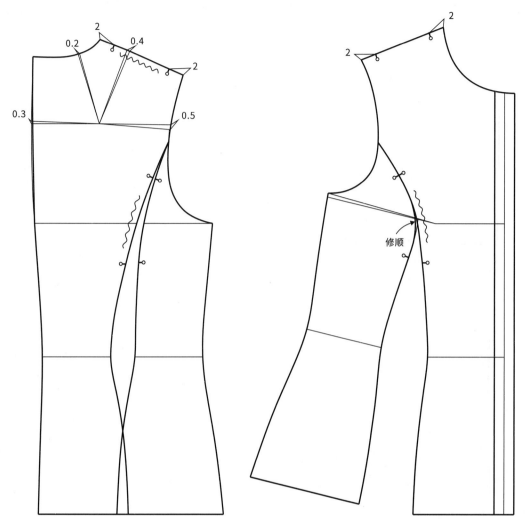

图 5-3

9. 后片分割线：在腰围线上，后背缝与侧缝之间的距离为○，将这段距离等分，过中点作垂直线并从中点向两侧定省位，腰围线上的省量为○ -18cm（后腰围）=3cm；臀围线处展开量为1.5cm；在袖窿弧线上，从肩省向下1.5cm找一点（具体数值根据款式而定）。连接以上各点，画顺弧线作为后片分割线。*注：分割线的两条弧线在袖窿处的重合量不可超过2cm，在胸围线处的距离不可超过1cm。*

10. 前侧缝：腋下点起翘0.5cm得到一点；腰围线处侧缝向里收1.3cm得到一点；臀围线处侧缝向外出1.5cm得到一点；以上三点连弧线作为前侧缝线。

11. 前片分割线：在腰围线上，前中线与侧缝之间的距离为□，将这段距离等分，过中点作垂直线并从中点向两侧定省位，省量为□ -20cm（前腰围）=2.2cm；臀围线处展开量为1.5cm；在袖窿弧线上，从胸围线垂

直向上7 ～ 8cm 找一点（具体数值根据款式而定）。连接以上各点，画顺弧线作为前片分割线。

12. 对位点：前后片均为从分割线顶端向下取5cm和从腰围线向上取12cm做对位记号。

（步骤13 ～ 15见图5-3）

13. 前胸省的处理：合并胸省，将省量转移到分割线处，并修顺弧线。

14. 后肩省的处理：合并后肩省保留0.5cm的量，剩余量转移到后背0.3cm、领口0.2cm以及肩缝0.4cm并修顺各处的弧线（转移到各处的数值根据面料不同而不同）。

15. 对位点：在肩缝上，从颈侧点和肩点分别向里2cm做肩缝对位记号。对齐肩缝，检查前后片拼在一起时领口弧线和袖窿弧线是否圆顺。

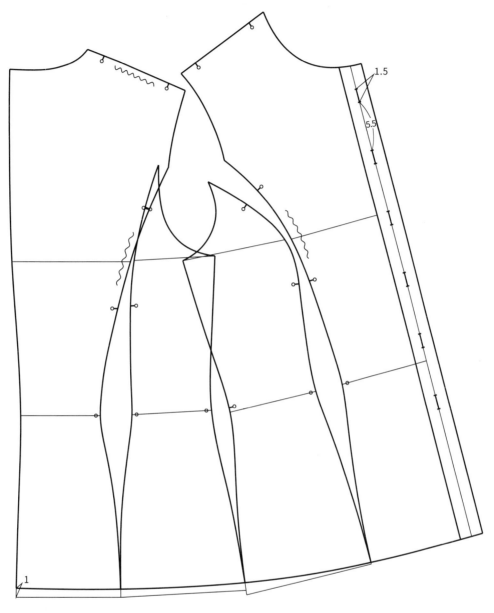

图 5-4

（步骤 16、17 见图 5-4）

16. 衣长及下摆弧线：从颈侧点垂直向下量取衣长，从后中底部上抬 1cm，画顺下摆弧线。各裁片对齐要点：后中片和后侧片从腰围线开始对，后侧片和前侧片从腋下点开始对，并在腰围线做对位记号；前侧片和前中片从腰围线开始对。

17. 扣位：从胸围线向下画 1.5cm 代表一颗扣，以这个扣位为基础，分别向上向下定其他扣位，扣与扣之间的距离为 5.5cm，一共 6 颗扣（具体以款式设计图为准）。

荷叶边制图步骤

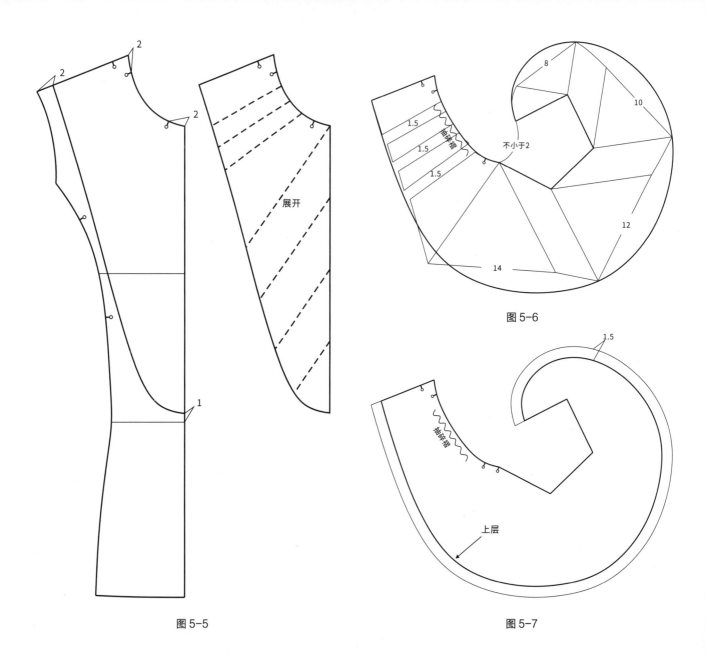

图 5-5

图 5-6

图 5-7

（步骤 1、2 见图 5-5）

1. 定形状：复制衣身前中片（不包含前门襟）。在前中线上，从腰围线向上 1cm 找一点；在肩缝上，从肩点向里 2cm 找一点。连接两点，按照荷叶边的形状画一个大概的轮廓。

2. 定展开位：在荷叶边内部，根据设计图中褶的个数，从前中线向左画四条展开线；根据领口处抽褶的长度做对位记号，从领口线向左画三条平行展开线。

3. 展开：前中褶量分别为 14cm、12cm、10cm 和 8cm，领口处平行展开量为 1.5cm，在荷叶边内部按照展开形状作图，然后画顺外侧圆弧线（图 5-6）。*注：荷叶边展开后，尾端与颈侧点的距离不小于 2cm，展开的褶量可根据设计效果变化。*

4. 荷叶边上层：从荷叶边外侧弧线向里 1.5cm 画平行线作为荷叶边上层轮廓线（图 5-7）。

5. 荷叶边工艺方式：密包、卷净边或对丝边处理。

立领制图步骤

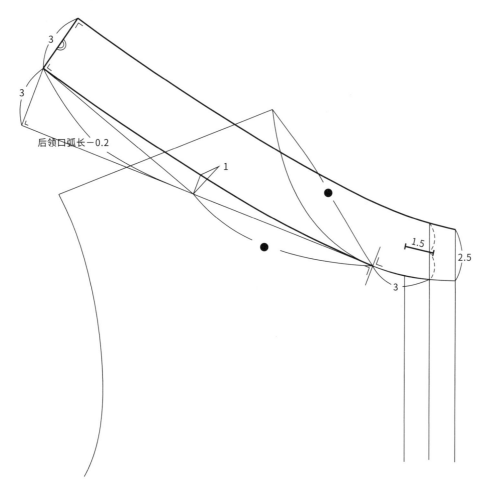

图 5-8

（步骤 1 ~ 5 见图 5-8）

1. 复制衣身前片领口。

2. 从前中线与领口弧线的交点向左，在前领口弧线上取 3cm 找一点，过该点作领口弧线的垂线，再垂直于这条垂线作领口弧线的切线。

3. 从切点到前颈侧点的领口弧线长度为●，在切线上取●相同长度找一点；量取后领口弧线的长度，再在切线上取后领口弧长 -0.2cm 得到一点；过该点向切线上方作垂线，在垂线上取 3cm 找一点为后领中心点（这个

量会影响后领的贴合程度，数据越大，后领越贴合脖子）。连接后领中心点和切线上前后领口弧长的交界点，从交界点向切线上方取 1cm 找一点。连接后领中心点、1cm 点及切点，画顺领下口弧线。

4. 从后领中心点向领下口弧线上方作垂线，并在垂线上取 3cm 长为后领座高，从前领深点向上延伸 2.5cm 为领前端高度，然后画顺领上口弧线。

5. 立领扣位：在前中线上取领座宽度的二分之一确定扣眼位，扣眼长 1.5cm。

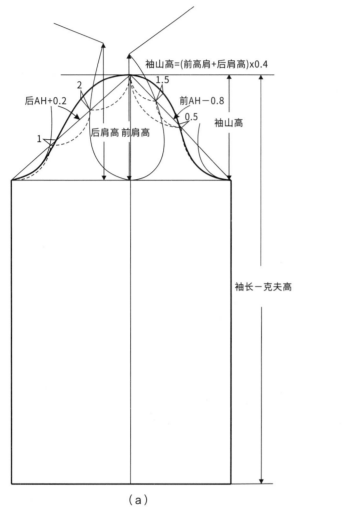

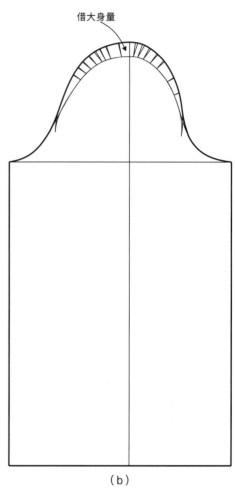

（a）　　　　　　　　　（b）

图 5-9

一、袖子制图步骤

（步骤 1 ~ 5 见图 5-9a）

1. 基本框架：作水平线和垂直线相交成十字，复制衣身前后袖窿于垂直线左右两侧，并测量出对应的前 AH、后 AH、前肩高和后肩高。注：复制袖窿时需保证胸围线与水平线平齐。

2. 袖山高：袖山高 =（前肩高 + 后肩高）× 0.4。

3. 袖长：从袖山高点垂直向下取袖长作袖长线。这里的袖长不包括袖克夫宽度，即袖长 =60cm（袖长规格尺寸）−3cm（袖克夫宽）。

4. 前后袖山斜线：前袖山斜线 = 前 AH−0.8cm；后袖山斜线 = 后 AH+0.2cm。完成后，袖肥尺寸应在 32 ~ 33cm 之间。如果不在此区间内，需检查前后袖窿

弧线的长度量取是否正确。

5. 前后袖山弧线：以前后袖山斜线与水平线的交点为基点复制衣身前后袖窿底，两交点之间的距离为袖肥尺寸。将前袖山斜线等分，从等分点向上取 0.5cm 找一点；将等分点上方的斜线再次等分，从这次的等分点向斜线上方作垂线并在垂线上取 1.5cm 找一点；连接袖山高点、1.5cm 点、0.5cm 点及袖肥点作为前袖山弧线。将后袖山斜线三等分，从第二个三等分点向上取 1cm 找一点；从第一个三等分点向斜线上方作垂线并在垂线上取 2cm 找一点，连接袖山高点、2cm 点、1cm 点以及袖肥点作为后袖山弧线。注：后袖底弧线与后袖窿底弧度基本保持重合，前袖底弧线与前袖窿底弧线重合量在 2cm 以内。

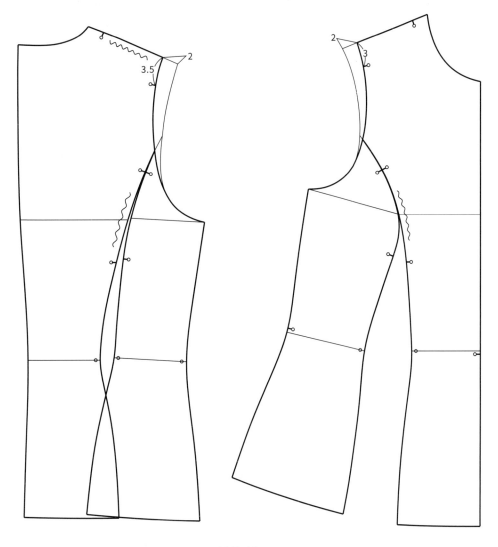

图 5-10

（步骤6~8见图5-9b、图5-10和图5-11）

6. 借肩量：原型肩宽为39cm，此款肩宽设定为35cm，从而得出借肩量为2cm。在衣身上，从前后肩点向里2cm作为新肩点，画顺新袖窿弧线，使其在袖窿转折处与原袖窿弧线重合。将借肩量剪下，拼到袖子上。

7. 新袖山弧线：将剪下的借肩量（需要打剪口）与袖山弧线对齐并重合，然后修顺新袖山弧线。

8. 袖山抽褶对位记号：在前片袖窿弧线上，从新肩点向下3cm找一点做对位记号，量取剩余袖窿弧线长度；然后在前袖山弧线上，从袖山底点向上量取相等长度做对位记号。在后片袖窿弧线上，从新肩点向下3.5cm找一点做对位记号，量取剩余袖窿弧线长度；然后在后袖山弧线上，从袖山底点向上量取相等长度做对位记号。

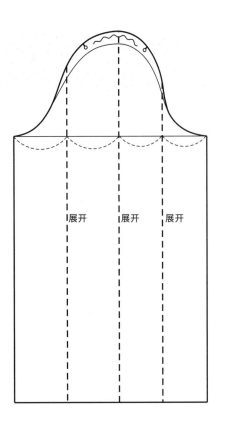

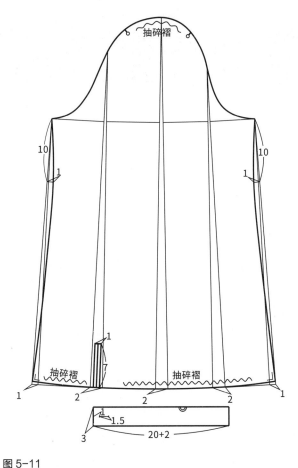

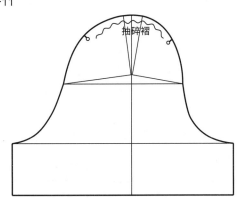

图 5-11

图 5-12

（步骤 9 ~ 11 见图 5-11）

9. 袖口处的处理：分别画出前袖肥中线和后袖肥中线，以两条中线和袖中线为展开线，每条线都在袖口处展开 2cm，前后袖缝在袖口处分别向外加放 1cm。从袖山底点向下 10cm 再向里 1cm，在前后袖缝上各找一点。连接袖山底点、1cm 点、袖口点，画顺袖缝线。修顺袖口弧线。

10. 袖开衩：从后袖肥中线展开量的中点向上取 7cm 为开衩高。开衩为滚边工艺处理，滚边宽 0.5cm。

11. 袖克夫：袖克夫长度 =20cm（袖口围）+2cm（搭门量），袖克夫宽为 3cm（具体依款式尺寸而定）。按设计要求定出扣眼位。

二、袖山碎褶量追加方法

如果设计图中袖山处的褶量比较多，可以通过展开的方法来增加褶量。

（步骤 1、2 见图 5-12）

1. 在袖中线上，取袖山高中点，过中点作水平线为袖山高中线。

2. 剪开袖中线和袖山高中线并展开即可增加褶量。修顺袖山弧线。*注：在袖山线上任意位置均可展开，只是展开量不同而已。展开线越靠下，展开量越大。具体数值根据款式要求而定。*

分片图

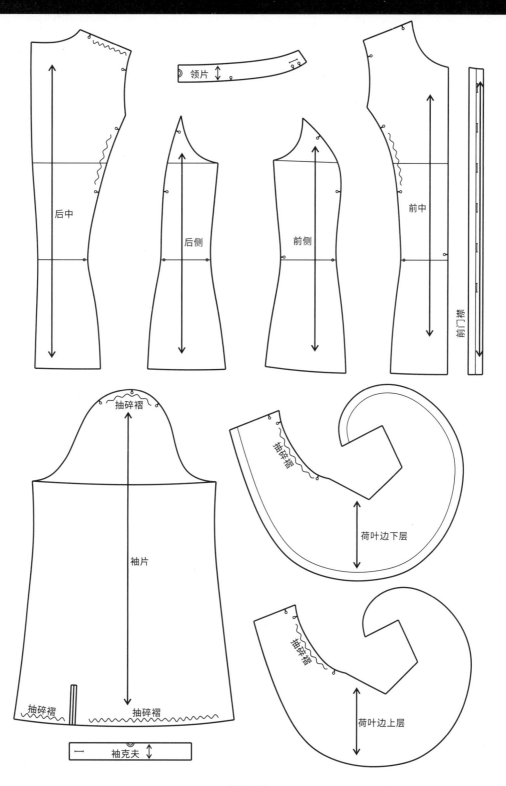

领片

后中

后侧

前侧

前中

前门襟

抽碎褶

袖片

抽碎褶

抽碎褶

抽碎褶

荷叶边下层

荷叶边上层

抽碎褶

袖克夫

图 5-13

　　将所有裁片上的过程线删除，保留一些关键的线条，检查每片的对位记号确保完整，然后作布纹线并备注裁片名称。这里的裁片都为净版（图 5-13）。

6 三开身西服

（一）款式图（图6-1）

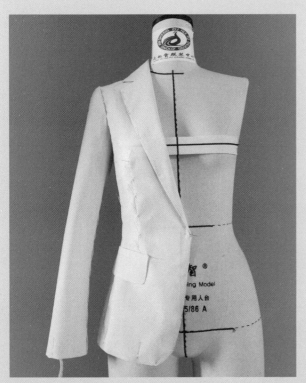

正视图 图6-1 背视图

（二）样板规格（表6-1）

表6-1 样板规格表（单位：cm）

衣长	胸围	肩宽	腰围	臀围	袖长	袖口围	总领宽	领座a	领面b
65	92	39	76	104	58	25	8	3	5

学习重点

1. 三开身的结构制图方法。
2. 西服领结构制图方法。
3. 两片西服袖结构制图方法。

衣身制图步骤

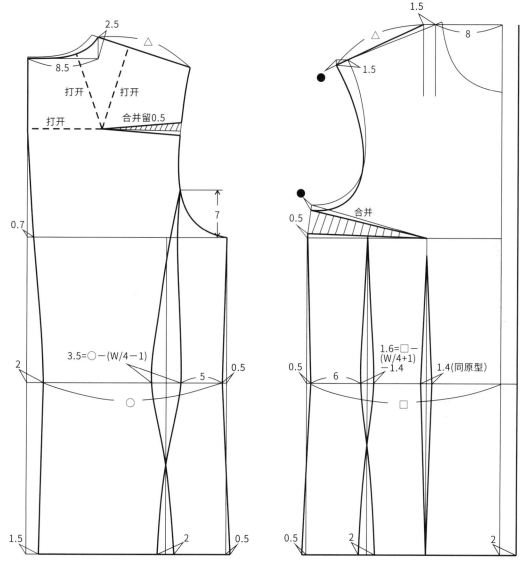

图6-2

（步骤1～11见图6-2）

1. 臀围线：以女装平面通用原型为基础，从腰围线向下20cm画水平线作为臀围线。

2. 前后领口：后领宽8.5cm，领深2.5cm，画顺后领口弧线；前领宽8cm，画垂直线为前领宽线。

3. 侧缝：胸围和原型一致，过腋下点作垂直线即可。

4. 搭门线：在前中线右侧2cm处画平行线。

5. 腰围：后腰围=W/4-1cm=18cm；前腰围=W/4+1cm=20cm。

6. 后背缝：从后中线向右，在胸围线上收0.7cm得一点，在腰围线上收2cm得一点，在臀围线上收1.5cm得一点，连接上述各点和后领深点，其中腰围到臀围处连直线。

7. 后片侧缝线：腰围线处侧缝向里收0.5cm得一点，臀围线处侧缝向外出0.5cm得一点，上述两点和腋下点连直线。

8. 后片分割线：在腰围线上，后背缝与侧缝之间的距离为○。从侧缝向里5cm为省的一边，再向里取省量○-18cm（后腰围）=3.5cm为另一边；在臀围线上展开量为2cm；按照款式确定分割线高度，在袖窿线上从袖底向上7cm找一点；连接以上点，画顺弧线作为后片分割线。5cm和7cm不是固定值，具体数值根据不同款式来定。

9. 前片侧缝线：腋下点起翘0.5cm得一点；腰围线处侧缝向里收0.5cm得一点；臀围线处侧缝向外出0.5cm得一点；上述三点连直线。

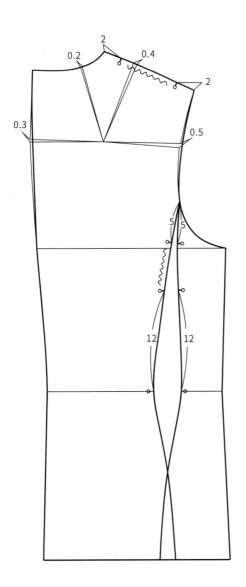
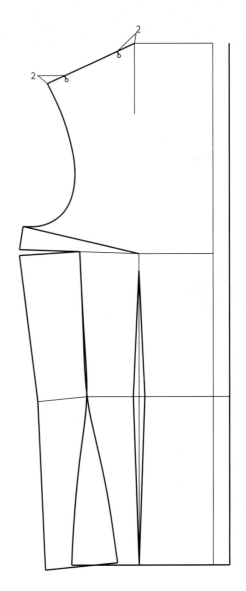

图 6-3

10. 撇胸量：驳头翻折止点在胸围线以下时需要加撇胸量，以防止前胸宽线往两侧走。撇胸量一般为1.5cm。从前领宽线向左平移1.5cm为新颈侧点，连接新颈侧点和肩点并延长至与后肩长相同长度，得到新肩点。新肩点与原肩点之间的落差量为●，在前胸省处下落相同的量，并修顺袖窿弧线。

11. 前片省及分割线的处理：前中腰省同原型，收到臀围线处截止。在腰围线上，前中线与侧缝之间的距离为□。从侧缝向里6cm为省的一边，再向里取省量□-20cm(前腰围)-1.4cm=1.6cm为另一边；在臀围线上展开量为2cm；连接以上各点，画顺弧线作为前片分割线。

（步骤12~16见图6-3）

12. 后片分割线对位点：在后片分割线上，从袖窿处向下取5cm做对位记号，从腰围线向上12cm做对位记号。

13. 后肩省的处理：合并后肩省留0.5cm的量，剩余量转移到后背0.3cm、领口0.2cm以及肩缝0.4cm，并修顺各处的弧线。面料不同，肩省分配转移到各处的数据也会不同。

14. 肩缝对位点：在肩缝上，分别从前后肩点、颈侧点向里2cm做对位记号。

15. 前侧省的处理：合并前侧省转移到胸省处。

16. 胸省的处理：合并胸省转移到前中省处。

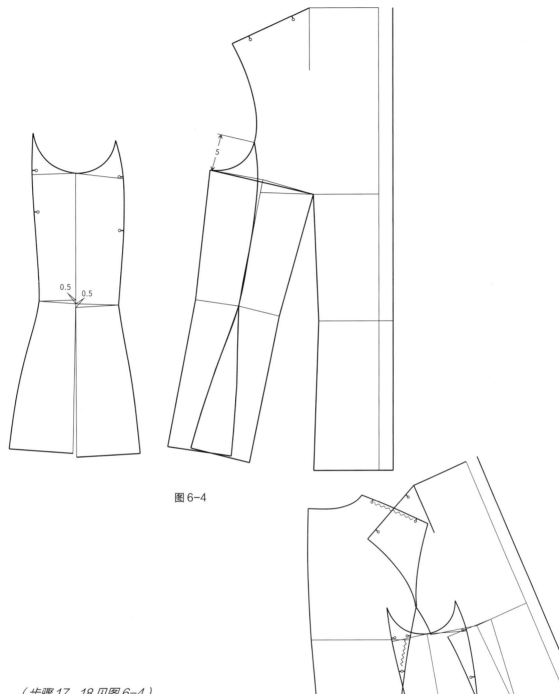

图 6-4

（步骤 17、18 见图 6-4）

17. 前片分割线：按照设计图画前分割线弧线，并将前侧片剪下。

18. 侧片：将前侧片和后侧片腰围线以上侧缝线对齐拼在一起，前后侧片都在腰围线处展开 0.5cm。

（步骤 19、20 见图 6-5）

19. 前衣长：从颈侧点垂直向下量取衣长确定衣长线。

20. 下摆：将后片、侧片和前片从腰围线开始对齐拼在一起，修顺下摆线。注：在修顺下摆线的时候暂时将前省合并，且设计图中这个部位的下半部分是没有分割线的，需要合并。

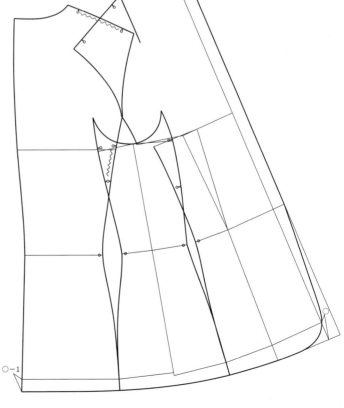

图 6-5

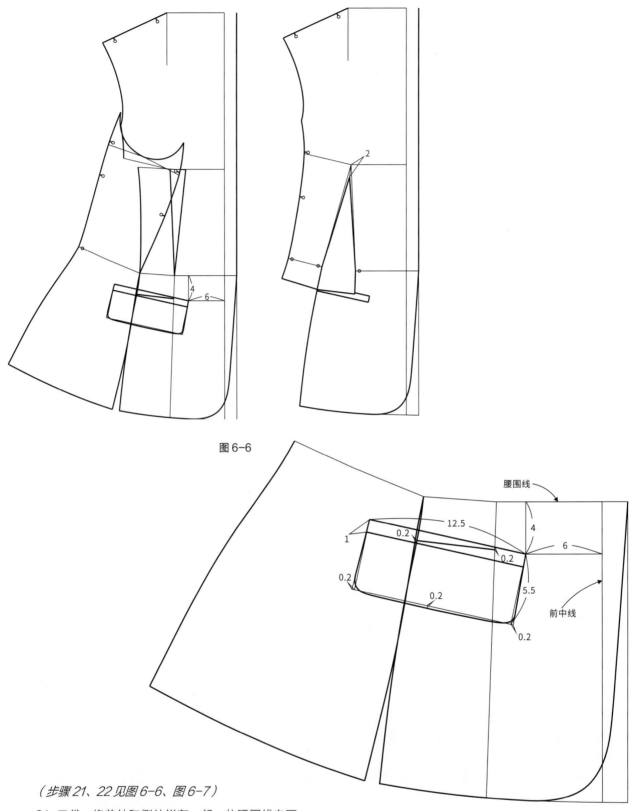

图 6-6

图 6-7

（步骤 21、22 见图 6-6、图 6-7）

21. 口袋：将前片和侧片拼在一起，从腰围线向下 4cm 画水平线，从前中线向里 6cm 画垂直线，两线的交点为口袋前端点。量取该端点到下摆的距离，在侧片上取同样距离找一点，连接该点和前端点成直线，在直线上量取口袋长 12.5cm，然后平行向下 1cm 为袋口宽，向下平移 5.5cm 为袋盖宽，袋盖下端和两侧各出 0.2cm，然后作圆角处理，画顺袋盖。

22. 袋口与大身的前侧缝和前中省分别相交，左边交点上抬 0.2cm 得一点，右边交点下降 0.2cm 得一点，连接两点并沿这条线段剪开。合并胸省打开腰省会呈现图 6-6 右边的形状，保证上下两条线段不交叉。

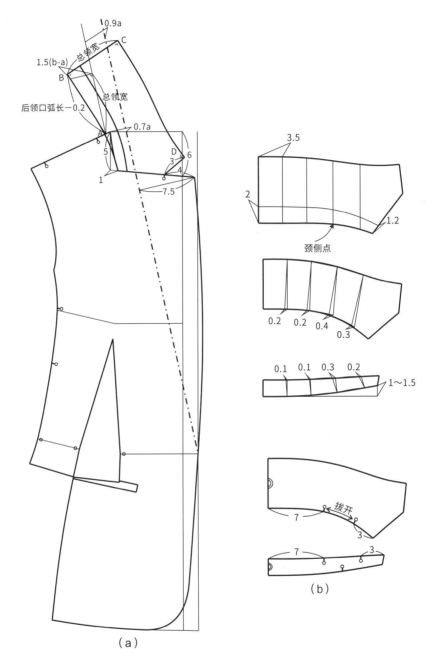

（a）

（b）

图6-8

一、领子的基本参数

总领宽：8cm

领座a：3cm

领面b：5cm

倒伏量：1.5(b-a)

二、领子的基本制图步骤

（步骤1～6见图6-8a）

1. 翻折线：从新颈侧点向右量取0.7a得到一点，连接该点至腰围线并向上作延长线。

2. 倒伏量：从翻折线向左 0.9a 画平行线，与肩线相交于 A 点。从 A 点向上，在平行线上量取总领宽 8cm 得到一点，过该点向平行线左侧作垂线，垂线长度为 1.5(b-a)（此公式为倒伏量公式），连接 A 点与垂线尾端并向上延长，在这条延长线上量取后领口弧长 -0.2cm 得到 B 点。过 B 点向右作垂线，垂线长度为总领宽 8cm，得到 C 点。垂线 BC 即领子的后中线。

3. 串口线、驳头宽：从颈侧点沿前领宽线向下量取 5cm，从前中线向下量取 6cm，连接两点画一条斜线作为串口线。在翻折线右侧作垂线并与串口线相交，在垂线上取驳头宽为 7.5cm。串口线斜度、驳头宽并不是固定值，具体数值根据款式要求而定。

4. 领嘴：从串口线驳头宽点向里量取 4cm 为绱领点，过该点作 45° 斜线，在斜线上取 3cm 得到 D 点。

5. 领外口弧线：连接 C 点、D 点作弧线，并保证 C 点、D 点处为直角。

6. 从前领宽线与串口线的交点向右 1cm 得到一点，颈侧点与该点连弧线为大身领口弧线；连接 AB 与 1cm 点并画顺弧线为领下口弧线。

三、分小领

（步骤 1 ~ 5 见图 6-8b）

1. 在后中线上量取 2cm 得一点，在前端量取 1.2cm 得一点，画弧线连接两点并保证颈侧点与弧线之间的距离不小于 1.8cm。

2. 从后中线向右依次间隔 3.5cm 作平行线，其中应有一条线经过颈侧点。如果没有一条线经过颈侧点，可微调一下距离。

3. 先沿弧线剪开小领，再沿每条平行线依次剪开并合并，合并量分别为 0.1cm（0.1 ~ 0.2cm）*、0.1cm（0.1 ~ 0.2cm）、0.3cm（0.3 ~ 0.4cm）和 0.2cm（0.2 ~ 0.3cm），合并后修顺弧线。最后检查起翘量，保证在 1 ~ 1.5cm 之间。合并量可能会因为领子弯度大小而变化，但完成合并后，起翘量应在 1 ~ 1.5cm 范围内。

4. 将上领沿每条平行线依次剪开并合并，每处合并量都比小领大 0.1cm，分别为 0.2cm、0.2cm、0.4cm 和 0.3cm，合并后修顺弧线。上领拔开量在 0.3 ~ 0.5cm 之间，具体数值根据面料特性而定。

5. 做对位记号：从前端向左量取 3cm 做对位记号，从后中向右量取 7cm 做对位记号。这里的 7cm 不是固定值，只要保证两个对位记号间的距离为 4 ~ 5cm 即可。

*注：本书尺寸后用括号加注的尺寸表示取值范围，括号前的尺寸表示本案例制图采用的尺寸。全书同，后面不一一标注。

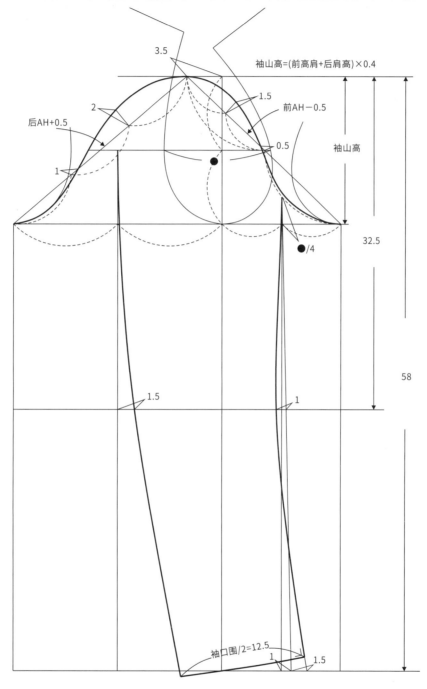

3.5

袖山高=(前高肩+后肩高)×0.4

后AH+0.5

2

1.5

前AH−0.5

1

0.5

袖山高

32.5

●/4

58

1.5

1

袖口围/2=12.5

1

1.5

图6-9

（步骤1～12见图6-9）

1. 基本框架：作水平线和垂直线相交成十字，复制衣身前后袖窿于垂直线左右两侧，并测量出对应的前AH、后AH、前肩高和后肩高。*注：复制袖窿时需保证胸围线与水平线平齐。*

2. 袖山高：袖山高＝（前肩高＋后肩高）×0.4。

3. 袖长：从袖山高点垂直向下取58cm作袖长线。

4. 袖肘线：从袖山高点垂直向下32.5cm作袖肘线。

5. 扣势量：袖山高点向后片取3.5cm作为扣势量，得到新的袖山高点。

6. 前后袖山斜线：过新袖山高点作前袖山斜线＝前AH−0.5cm，后袖山斜线＝后AH+0.5cm。完成后，袖肥尺寸应在32～33cm之间。如果不在此区间内，需检查前后袖窿弧线的长度量取是否正确。

7. 前后袖山弧线：以前后袖山斜线与水平线的交点为基点复制衣身前后袖窿底。将前袖山斜线等分，从等分点向上 0.5cm 找一点；将等分点上方的斜线再次等分，从这次的等分点向斜线上方作垂线并在垂线上取 1.5cm 找一点；连接袖山高点、1.5cm 点、0.5cm 点及袖肥点作为前袖山弧线。将后袖山斜线三等分，从第二个三等分点向上 1cm 找一点；从第一个三等分点向斜线上方作垂线并在垂线上取 2cm 找一点；连接袖山高点、2cm 点、1cm 点以及袖肥点作为后袖山弧线。*注：后袖底弧线与后袖窿底弧线基本保持重合，前袖底弧线与前袖窿底弧线重合量在 2cm 以内。*

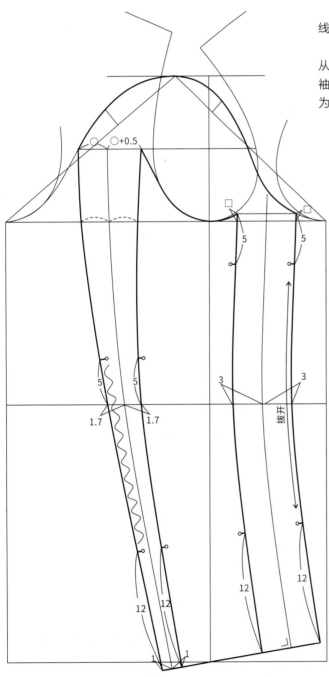

图 6-10

8. 前后袖肥中线及袖山高中线：过前袖肥中点作垂线为前袖肥中线；过后袖肥中点作垂线为后袖肥中线；过袖山高中点作水平线为袖山高中线，前后袖窿弧线之间的距离为●。

9. 前袖偏量：从前袖肥中线与袖肥线的交点向上量取 ●/4 得到一点，从前袖肥中线与袖长线的交点向右量 1cm 得到一点，连接两点为前袖偏量线。

10. 前袖弯量：从前袖偏量线与袖肘线的交点向左 1cm 得到一点，从前袖偏量线与袖长线的交点向右 1.5cm 得到一点，上述两点与 ●/4 点连弧线为前袖弯量，同时也是前袖缝中线。

11. 袖口线：过袖长线与袖中线的交点作前袖缝中线的垂线为袖口线。

12. 后袖缝中线：在袖口线上量取袖口围 /2 得一点，从后袖肥中线与袖肘线的交点向右 1.5cm 得到一点，后袖肥中线与袖山高中线的交点、1.5cm 及袖口点连弧线为后袖缝中线。

（步骤 13 ~ 17 见图 6-10）

13. 前借袖：在前袖缝中线两侧 3cm 处分别作平行线为大小袖前袖缝。大袖前袖缝与袖山弧线的交点到袖肥线的高度为□，在小袖前袖缝上取相同高度并修顺袖底弧线。

14. 后借袖：后袖缝中线与袖山高中线的交点到后袖山弧线的距离为○，在交点右侧量取 ○+0.5cm 得到一点；在后袖缝中线两侧，在袖肘线上各取 1.7cm；在袖口线上各取 1cm；分别连接上述各点并修顺弧线为大小袖后袖缝。

15. 后袖底弧线：过 ○+0.5cm 点作后袖窿底弧线的切线。

16. 对位记号：将大小袖分开，检查袖山弧线和袖口处是否圆顺。在前袖缝上，从顶端向下取 5cm 做对位记号，从袖口向上取 12cm 做对位记号，中间部分大袖缝需拔开；从顶端向下对齐大小袖后袖缝，从袖肘线向上取 5cm 做对位记号，从袖口向上取 12cm 做对位记号，中间部分大袖缝需缩缝。

17. 袖山吃量：前后袖山总吃量为 2.5cm，前后分配比例为前 40%，后 60%。

分片图

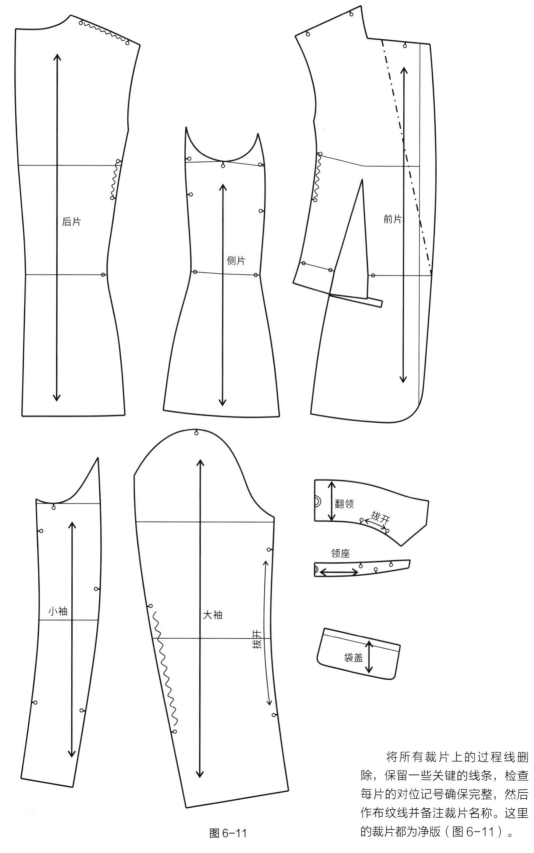

后片

侧片

前片

小袖

大袖

拔开

翻领

拔开

领座

袋盖

图6-11

将所有裁片上的过程线删
除，保留一些关键的线条，检查
每片的对位记号确保完整，然后
作布纹线并备注裁片名称。这里
的裁片都为净版（图6-11）。

7 一粒扣西服

（一）款式图（图7-1）

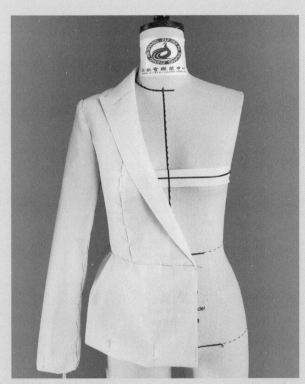
正视图

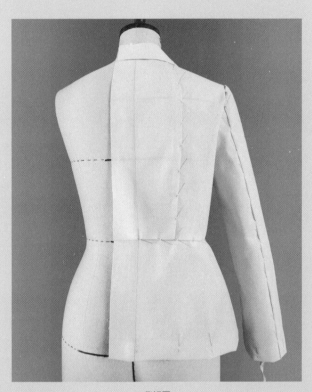
背视图

图7-1

（二）样板规格（表7-1）

表7-1 样板规格表（单位：cm）

衣长	胸围	肩宽	腰围	臀围	袖长	袖口围	总领宽	领座a	领面b
60	92	39	74	106	58	25	8	3	5

学习重点

1. 弧形领口省的制图方法。
2. 意式西服袖制图方法。
3. 衣身的处理，身下拼接褶的处理。

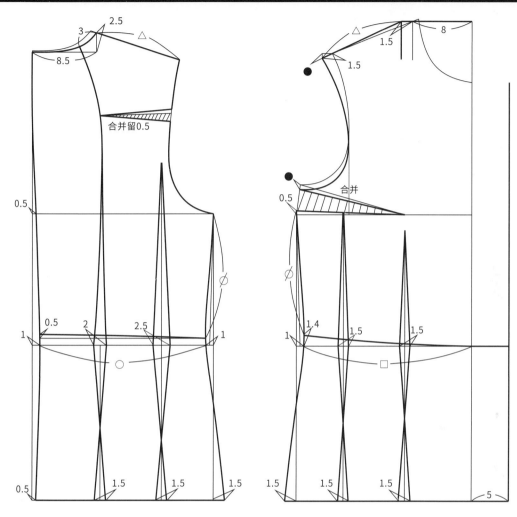

图 7-2

（步骤 1 ～ 13 见图 7-2、图 7-9 ）

1. 臀围线：以女装平面通用原型为基础，从腰围线向下 20cm 画水平线作为臀围线。

2. 前后领口：后领宽 8.5cm，领深 2.5cm，画顺后领口弧线；前领宽 8cm，画垂直线为前领宽线。

3. 侧缝：胸围和原型一致，过腋下点作垂直线即可。

4. 搭门线：在前中线右侧 5cm 处画平行线。

5. 腰围：后腰围 =W/4-1cm=17.5cm；前腰围 =W/4+1cm=19.5cm。

6. 后背缝：从后中线向右，在胸围线上收 0.5cm 得一点，在腰围线上收 1cm 得一点，在臀围线上收 0.5cm 得一点，连接上述各点和后领中心点，其中腰围到臀围处连直线。

7. 后片侧缝线：腰围线处侧缝向里收 1cm 得一点；臀围线处侧缝向外出 1.5cm 得一点；上述两点和腋下点连弧线。

8. 后片分割线：在腰围线上，后背缝与后片侧缝线之间的距离为○。后中腰省的位置、省量同原型，根据款式要求，从领口经过后肩省省尖点到后中腰省画弧线并修顺。后侧腰省也按原型位置确定，省量为○ -17.5cm（后腰围）-1.6cm（后中腰省量）=2.2cm；臀围线处展开 1.5cm；从省尖点经过腰省到臀围处连直线。

9. 前片侧缝线：腋下点起翘 0.5cm；腰围线处侧缝向里收 1cm 得一点；臀围线处侧缝向外出 1.5cm 得一点；上述三点连弧线。

10. 撇胸量：从前领宽线向左平移 1.5cm 为新颈侧点。连接颈侧点和肩点并延长至与前肩长相同长度，得到新肩点。新肩点与原肩点之间的落差量为●，在前胸省处下落相同的量，并修顺袖窿弧线。

11. 前片腰省的处理：在腰围线上，前中线与侧缝之间的距离为□。前中腰省的位置、省量同原型，臀围线处展开 1.5cm，直线连接省边。前侧腰省的位置同原

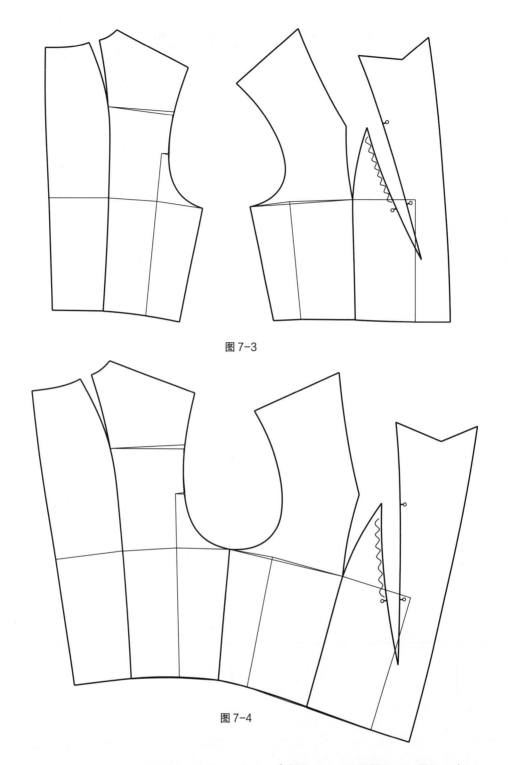

图 7-3

图 7-4

型，省量为 □ −19.5cm（前腰围）−1.5cm（前中腰省量）=1.5cm；臀围处展开 1.5cm；从省尖点经过腰省到臀围处连直线。

12. 弧形领口省：详见领子制图步骤（图 7-9）。

13. 腰横向分割线：在前片侧缝线上，从腰围线向上量取 1.4cm 得一点，从该点到前中连弧线；量取腋下点到 1.4cm 点之间的长度，并在后片侧缝上量取相同长度并作水平线与后背缝相交，从交点向上量取 0.5cm 得一点，该点和后片侧缝新量取的点连弧线。

（步骤 14 ～ 17 见图 7-3、图 7-4）

14. 前中分割线：弧形领口省制作好后，根据款式设计要求在领下口弧线上确定前中分割线的起始位置并向下画弧线，与前中腰省连接修顺。

15. 后上片省的处理：过后侧腰省省尖点作水平线与袖窿线相交并剪开，合并后侧腰省转移到袖窿处；合并后肩省留 0.5cm 的量，剩余量转移到后片分割线处。

16. 前上片省的处理：合并前侧腰省转移到胸省处；合并胸省转移到领部分割线处。

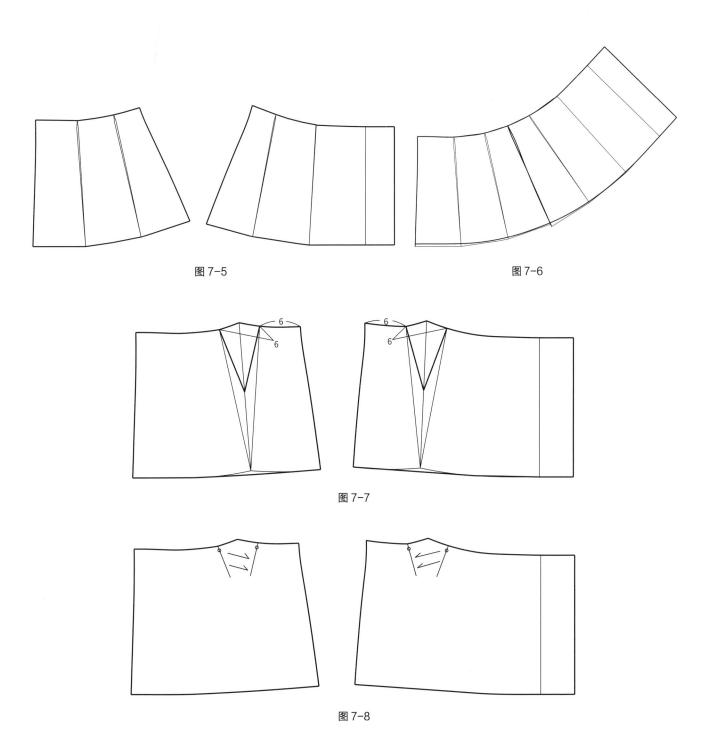

图 7-5   图 7-6

图 7-7

图 7-8

17. 修顺腰线：将前上片和后上片拼在一起并修顺腰线。在修腰线的时候应向内去量修顺，不能向外补量。

18. 下片的处理：分别合并前后片腰省，补出臀围增加量，并将前后片拼在一起修顺腰线和下摆线（图 7-5、图 7-6）。*注：在修顺下片腰线的时候同上片要求。*

19. 下片褶：在腰线上，从前后侧缝处分别向里量6cm 确定分割线位置，展开量为 6cm。这里的分割线位置和展开量根据款式的造型要求而定。通过观察该款式的设计图发现，下片褶的结束点不在下摆处，褶位消失点大概在下片的中间偏上位置，所以从分割线中点向上取一点为褶消失点，连接褶位到该点（图 7-7）。

20. 对折褶量倒向侧缝并修顺腰线，画出褶的倒向（图 7-8）。

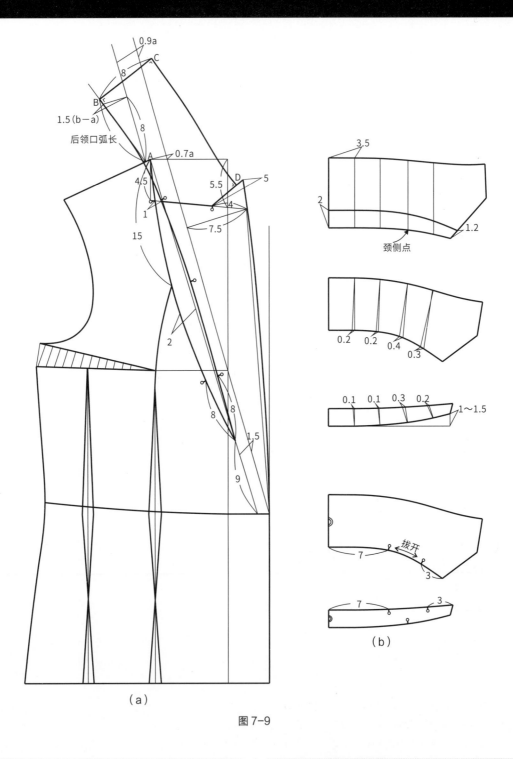

（a）

图 7-9

（b）

一、领子的基本参数

总领宽：8cm

领座 a：3cm

领面 b：5cm

倒伏量：1.5(b−a)

二、领子的基本制图步骤

（步骤 1 ~ 8 见图 7-9a）

1. 翻折线：从新颈侧点向右量取 0.7a 得到一点，连接该点至腰围线并向上作延长线。

2. 倒伏量：从翻折线向左 0.9a 画平行线，与肩线相交于 A 点。从 A 点向上，在平行线上量取总领宽 8cm 得到一点，过该点向平行线左侧作垂线，垂线长度为 1.5(b-a)，连接 A 点与垂线尾端并向上延长，在这条延长线上量取后领口弧长得到 B 点。过 B 点向右作垂线，垂线长度为总领宽 8cm，得到 C 点。

3. 串口线、驳头宽：从颈侧点沿领宽线向下量取 4.5cm，从前中线向下量取 5.5cm，连接两点画一条斜线作为串口线。在翻折线右侧作垂线并与串口线相交，垂线长度为 7.5cm，即驳头宽。串口线斜度、驳头宽根据款式要求而定，并不是固定值。

4. 领嘴：从串口线驳头宽点向里量取 4cm 为绱领点，戗驳头角度为 45°，领头宽 4cm，戗驳头长为 5cm。以上数据会根据款式的变化而改变，不是固定值。

5. 领外口弧线：连接 C 点、D 点作弧线，并保证 C 点、D 点处于直角。

6. 弧形领口省：在翻折线左侧 1.5cm 画平行线并与腰围线相交，从交点向上 9cm 得一点，连接该点与颈侧点成弧线。在弧度最深处，弧线与平行线之间的距离为 2cm。从大身领口弧线与串口线的交点向右量 1cm（0.5～1cm）得到一点，经过该点作领下口弧线连接 B 点与领口省省尖点并画顺弧线。

7. 前片分割线：根据款式要求，在领下口弧线上，从前颈侧点向下 15cm 得一点，从该点向下画弧线并与前中腰省连接修顺（参见衣身制图步骤 14）。

8. 领口省对位点：从领口省省尖点向上，分别在两条省线上量取 8cm 做对位记号；在串口线与领口省的交点以及对应的大身领口弧线一侧做对位记号；量取上述交点到分割线交点处的弧线长度并在领下口弧线一侧找相等距离做对位记号，大身一侧的弧线需要缩缝。

三、分小领

（步骤 1～5 见图 7-9b）

1. 在后中线上量取 2cm 得一点，在前端量取 1.2cm 得一点，画弧线连接两点并保证颈侧点与弧线之间的距离不小于 1.8cm。

2. 从后中线向右依次间隔 3.5cm 作平行线，其中应有一条线经过颈侧点。如果没有一条线经过颈侧点，可微调一下距离。

3. 先沿弧线剪开小领，再沿每条平行线依次剪开并合并，合并量分别为 0.1cm（0.1～0.2cm）、0.1cm（0.1～0.2cm）、0.3cm（0.3～0.4cm）和 0.2cm（0.2～0.3cm），合并后修顺弧线。最后检查起翘量是否在 1～1.5cm 之间。

4. 将上领沿每条平行线依次剪开并合并，每处合并量都比小领大 0.1cm，分别为 0.2cm、0.2cm、0.4cm 和 0.3cm，合并后修顺弧线。

5. 做对位记号：从前端向左量取 3cm 做对位记号，从后中向右量取 7cm 做对位记号。这里的 7cm 不是固定值，只要保证两个对位记号间的距离为 4～5cm 即可。

袖子制图步骤

（步骤1～8见图7-10）

1. 基本框架：作水平线和垂直线相交成十字，交点为 O 点。复制衣身前后袖窿于垂直线左右两侧，复制后片胸围线以上部分。测量出前肩高和后肩高。*注：复制袖窿时需保证胸围线与水平线平齐。*

2. 袖山高：袖山高 =（前肩高 + 后肩高）×0.4。

3. 袖长：从袖山高点垂直向下取袖长58cm 作袖长线。

4. 袖肘线：从袖山高点垂直向下取32.5cm 作袖肘线。

5. 定大小袖前袖缝：将后中线分别二等分和三等分，从二等分点向右作水平线并与后袖窿弧线相交于 A 点，从第二个三等分点向右作水平线并与前袖窿弧线相交于 B 点。沿前袖窿弧线的切线方向作袖肥线的垂线，垂足为 C 点，垂线到袖中线的距离为前袖窿底（OC）。平分前袖窿底，每段长度为△。从中点向左 0.5cm，过该点作垂线，向下与袖长线相交，向上与袖底弧线相交；袖肘线上从垂线向左 1.5cm得一点；袖底弧线交点、1.5cm 点和袖长线交点连弧线为小袖前袖缝线。从前袖肥线向上 0.5cm 画水平线，从前袖窿切线与水平线的交点向右量取△+1 得到一点；过该点向下作垂线到袖长线，在袖长线上方 0.5cm 得一点；袖肘线上从垂线向左1.5cm 得一点；袖肥线上方0.5cm 点、袖肘线上 1.5cm 点和袖长线上方0.5cm点连弧线为大袖前袖缝线。

6. 袖山弧线：量取 B 点到前肩点的袖窿弧线长为○，从 B 点取同等长度向上作斜线，交袖山高线于 E 点；量取 A 点到后肩点的袖窿弧线长为●，从 E 点量取●+0.5cm 向下作斜线，交后中线二等分点水平线于 F 点；连接线段 BD、BE 和EF 并过各线段中点作垂线，垂线长分别为 1cm、2cm 和 1cm，然后连接上述各点作袖山弧线。

7. 定大小袖后袖缝与袖口线：过 F 点向下作垂线，袖肘处向右 1.5cm（1～1.5cm）得一点；过袖中线与袖长线的交点作大袖前袖缝线的垂直线，平分大小袖前袖缝间的距离，从中点向左量取袖口围/2得一点；

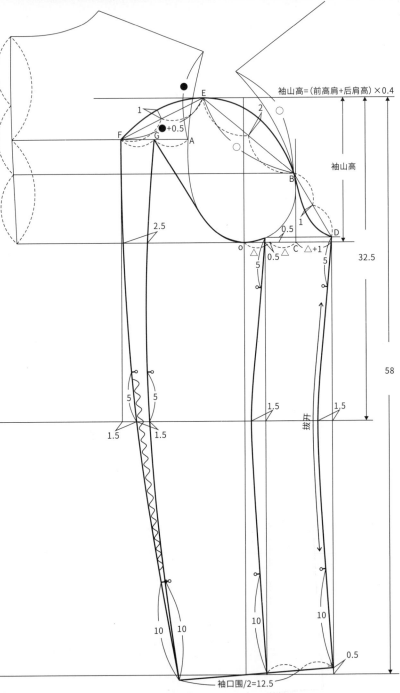

图7-10

F 点、1.5cm 点、袖口点连弧线为大袖后袖缝线。线段 AF 中点为 G 点；袖肥线上从大袖后袖缝线向右 2.5cm（2～2.5cm）；G 点、2.5cm 点、袖口点连弧线为小袖后袖缝线。过 G 点作后袖窿弧线的切线为小袖袖底线。

8. 对位点：前袖缝从顶端向下 5cm 做对位记号，从袖口向上10cm做对位记号，中间部分大袖缝需拔开。从顶端向下到袖肘线对齐大小袖后袖缝，从袖肘线向上取 5cm 做对位记号，从袖口向上取10cm 做对位记号，中间部分大袖缝需缩缝。大小袖需要对合检查并修顺袖口与袖山弧线。

分片图

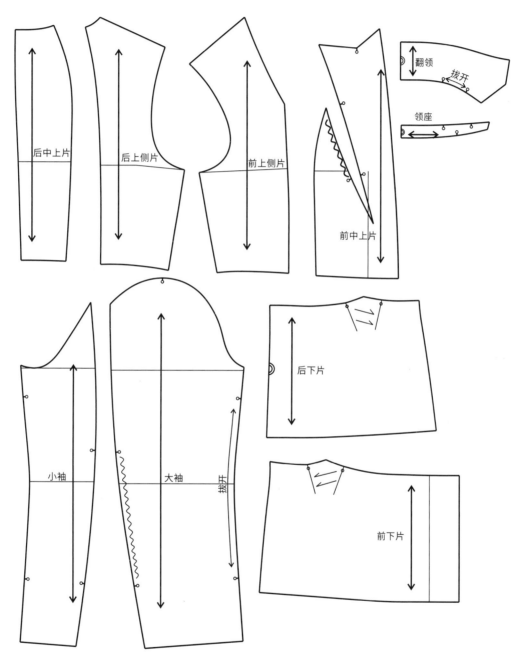

后中上片

后上侧片

前上侧片

前中上片

翻领

拔开

领座

小袖

大袖

拔开

后下片

前下片

图 7-11

将所有裁片上的过程线删除，保留一些关键的线条，检查每片的对位记号确保完整，然后作布纹线并备注裁片名称。这里的裁片都为净版（图 7-11）。

8 合体 X 形插肩袖外套

（一）款式图（图 8-1）

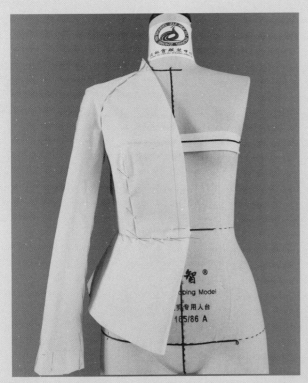
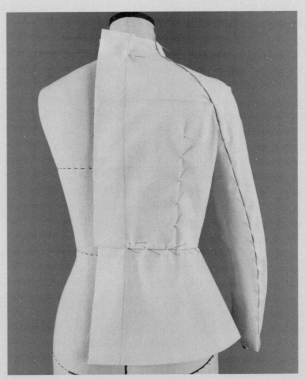

正视图　　　　　　　　　　　背视图

图 8-1

（二）样板规格（表 8-1）

表 8-1 样板规格表（单位：cm）

衣长	胸围	肩宽	腰围	臀围	袖长	袖口围
60	92	39	74	110 ~ 112	58	25

学习重点

1. 连立领结构制图方法。
2. 合体插肩袖结构制图方法。

衣身制图步骤

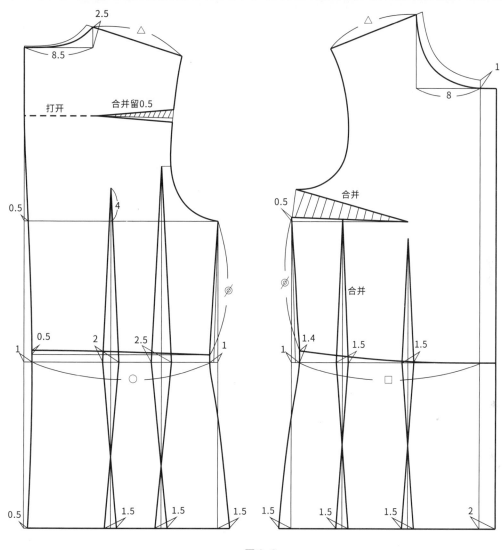

图 8-2

（步骤 1 ~ 11 见图 8-2）

1. 臀围线：以女装平面通用原型为基础，从腰围线向下 20cm 画水平线作为臀围线。

2. 前后领口：后领宽 8.5cm，领深 2.5cm，画顺弧线；前领宽 8cm，领深在原型基础上下落 1cm，画顺弧线。

3. 侧缝：胸围和原型一致，过腋下点作垂直线即可。

4. 搭门线：在前中线右侧 2cm 处画平行线。

5. 腰围：后腰围 =W/4-1cm=17.5cm；前腰围 =W/4+1cm=19.5cm。

6. 后背缝：从后中线向右，胸围线处收 0.5cm，腰围线处收 1cm，臀围线处收 0.5cm，连接上述各点和后领中心点，其中腰围到臀围处连直线。

7. 后片侧缝线：腰围线处侧缝向里收 1cm；臀围线处侧缝向外出 1.5cm，上述两点和腋下点连弧线。

8. 后片省位：后背缝与侧缝在腰围处的距离为○，后中腰省量为 2cm，后侧腰省的位置同原型，省量为○ -17.5cm（后腰围）-2cm（后中省量）=2.5cm；臀围线处展开 1.5cm；从省尖点经过腰省到臀围线处连直线。后中腰省在高出胸围线 4cm 处定省尖。

9. 前片侧缝线：腋下点起翘 0.5cm，腰围线处侧缝向里收 1cm，臀围线处侧缝向外出 1.5cm，上述三点连弧线。

10. 前片省的处理：前中腰省的位置和省量同原型；臀围线处展开 1.5cm；然后连直线。前中到侧缝在腰围处的距离为□，前侧腰省的位置同原型，省量为□ -19.5cm（前腰围）-1.5cm（前中省量）=1.5cm；臀围线处展开 1.5cm；上述各点连直线。

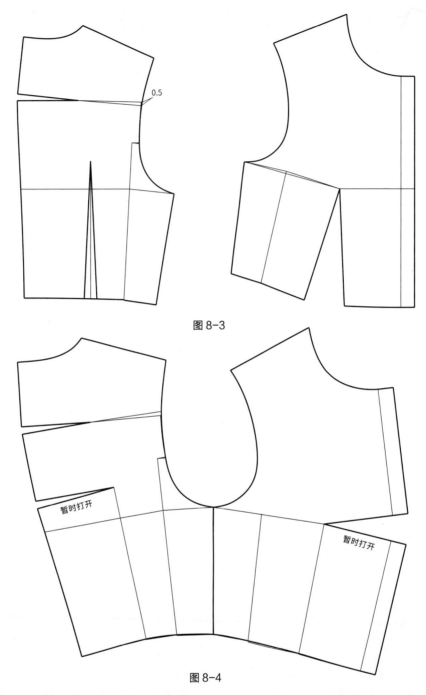

0.5

图 8-3

暂时打开

暂时打开

图 8-4

11. 腰横向分割线：在前片侧缝线上，从腰围线向上量取 1.4cm 得一点，从该点到前中连弧线；量取腋下点到 1.4cm 点之间的长度，并在后片侧缝上量取相同长度并作水平线与后背缝相交，从交点向上量取 0.5cm 得一点，该点和侧缝点连弧线。

（步骤 12 ～ 14 见图 8-3、图 8-4）

12. 后上片省的处理：过后侧腰省省尖点作水平线与袖窿线相交并剪开，合并后侧腰省转移到袖窿处；合并后肩省留 0.5cm 的量，剩余量暂时全部转移到后中。

13. 前上片省的处理：合并前侧腰省转移到胸省处；合并胸省转移到前中腰省处。

14. 修顺腰线：将前上片和后上片拼在一起并修顺腰线。修腰线时应向内去量修顺，不能向外补量。

15. 下片的处理：分别合并前后片腰省并补出臀围加放量，将前后片拼在一起修顺腰线和下摆线。从前颈侧点垂直向下确定衣长，后中上抬 1cm，修顺下摆线。前中位置取倾斜量 4cm（4 ～ 5cm）画斜线，保证前中下摆处为直角，沿斜线对折并复制前下片，按照上层形状修出底层形状。上层按两个省位分割线展开，展开量为 1.5cm（1.5 ～ 2cm），然后修顺下摆线，修下摆时上层可去掉一些量，以更好地表现出双层效果。布纹线以对折线为准在 45° 方向画线（图 8-5 ～图 8-7）。

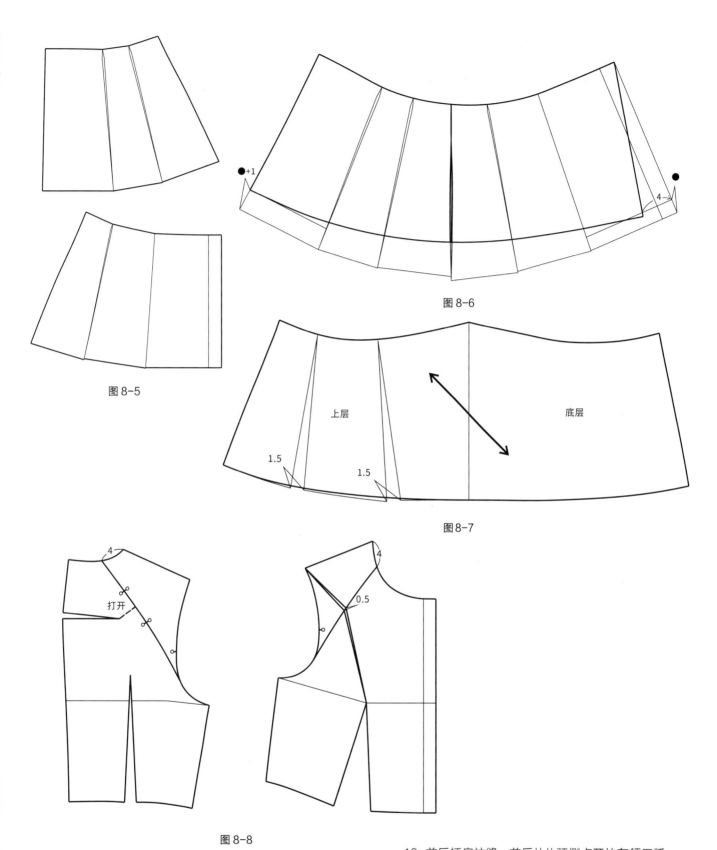

图 8-5

图 8-6

图 8-7

图 8-8

16. 前后插肩袖缝：前后片从颈侧点开始在领口弧线上量取 4cm 各得一点，这个数据根据款式要求来定。从该点开始作插肩袖缝弧线到袖窿拐弯处消失。前片在插肩袖上需要收掉 0.5cm 的省，以保证袖不往后走。后片过后肩省省尖点作插肩袖缝的垂线（图 8-8）。

袖子制图步骤

(步骤1~15见图8-9)

1. 基本框架：作水平线和垂直线相交成十字，复制衣身前后袖窿于垂直线左右两侧，并测量出对应的前AH、后AH、前肩高和后肩高。*注：复制袖窿时需保证胸围线与水平线平齐。*

2. 袖山高：袖山高 =（前肩高 + 后肩高）× 0.4。

3. 袖长：从袖山高点垂直向下取袖长58cm作袖长线。

4. 袖肘线：从袖山高点垂直向下取32.5cm作肘线。

5. 扣势量：从袖山高点向左取3.5cm作为扣势量，得到新的袖山高点。

6. 前后袖山斜线：过新袖山高点作前袖山斜线 = 前AH-0.5cm，后袖山斜线 = 后AH+0.5cm。完成后，袖肥尺寸应在32~33cm之间。如果不在此区间内，需检查前后袖窿弧线的长度量取是否正确。

7. 前后袖山弧线：以前后袖山斜线与水平线的交点为基点复制衣身前后袖窿底，两交点之间的距离为袖肥尺寸。将前袖山斜线等分，从等分点向上0.5cm找一点；将等分点上方的斜线再次等分，过这次的等分点向斜线上方作垂线并在垂线上取1.5cm找一点；连接袖山高点、1.5cm点、0.5cm点及前袖肥点为前袖山弧线。将后袖山斜线三等分；从第二个三等分点向上1cm找一点；从第一个三等分点向上作垂线并在垂线上取2cm找一点；连接袖山高点、2cm点、1cm点及后袖肥点为后袖山弧线。*注：后袖底弧线与后袖窿底弧度基本保持重合，前袖底弧线与前袖窿底弧线重合量在2cm以内。*

8. 前后袖肥中线及袖山高中线：过前袖肥中点作垂线为前袖肥中线；过后袖肥中点作垂线为后袖肥中线；过袖山高中点作水平线为袖山高中线。在袖山高中线上，前后袖窿弧线之间的距离为●。

9. 前袖偏量：从前袖肥中线与袖肥线的交点向上量取●/4得到一点，从前袖肥中线与袖长线的交点向右量1cm，连接两点为前袖偏量线。

10. 前袖弯量：从前袖偏量线与袖肘线的交点向左1cm找一点，从前袖偏量线与袖长线的交点向右1.5cm得到一点，上述两点与●/4点连弧线为前袖弯量，同时也是前袖缝中线。

11. 袖口线：过袖长线与袖中线交点作前袖缝中线的垂线为袖口线。

12. 后袖缝中线：在袖口线上量取袖口围/2得一点，从后袖肥中线与袖肘线的交点向右1.5cm找一点，后袖肥中线与袖山高中线的交点、1.5cm及袖口点连弧线为后袖缝中线。

13. 前借袖：在前袖缝中线两侧3cm处分别作平行线为大小袖前袖缝。大袖前袖缝线与袖山弧线的交点到袖肥线的高度为□，在小袖前袖缝上取相同高度□并修顺袖底弧线。

14. 后借袖：后袖缝中线与袖山高中线的交点到后袖山弧线的距离为○，在交点右侧量取○ +0.5cm得到一点；在后袖缝中线两侧，在袖肘线上各取1.7cm；在袖口线上各取1cm；分别连接上述各点并修顺弧线为大小袖后袖缝。

15. 后袖底弧线：过○ +0.5cm点作后袖窿底弧线的切线。

(步骤16~19见图8-10)

16. 对位记号：将大小袖分开，检查袖山弧线和袖口处是否圆顺。在前袖缝上，从顶端向下取5cm做对位记号，从袖口向上取10cm做对位记号，中间部分大袖缝需拔开；从顶端向下对齐大小袖后袖缝，从袖肘线向上取5cm做对位记号，从袖口向上取10cm做对位记号，中间部分大袖缝需缩缝。

17. 袖山吃量：前后袖山总吃量为2.5cm，前后分配比例为前40%，后60%。

18. 插肩与袖拼合：复制小袖，然后将大小袖后袖缝拼在一起。量取从腋下点到袖山高中线与袖山弧线的交点之间的袖山弧线长度，并在大身上做记号，如图8-8所示。剪下插肩袖部分，对齐记号点拼在袖子上，并保证前后肩点到袖山弧线的垂直距离都不超过0.5cm。拼完后前后肩点之间的距离应在2~2.5cm范围内。一般情况下，后肩点到袖山高点的距离与前肩点到袖山高点的距离比值为1~1.5，如果不在此范围内，可以微调袖山高点的位置。然后从袖山高点向下量取5cm（4~5cm）为肩缝省长，连接并修顺肩缝。找袖口围/2的中点，弧线连接中点到袖山高线处。

19. 后袖缝延伸至袖山弧线处，分割点不要太高，否则裁剪时不好留缝份。可降低后袖缝，把小袖一部分借给大袖。

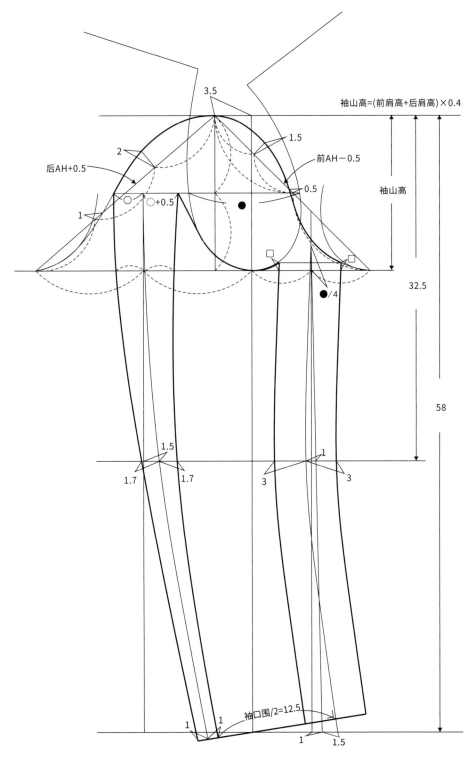

袖山高=(前肩高+后肩高)×0.4

3.5

1.5

2

后AH+0.5

前AH-0.5

0.5

袖山高

1

○   ○+0.5

●

□   □

●/4

32.5

58

1.5

1.7   1.7

3   3

1

1   1

袖口围/2=12.5

1   1

1.5

图8-9

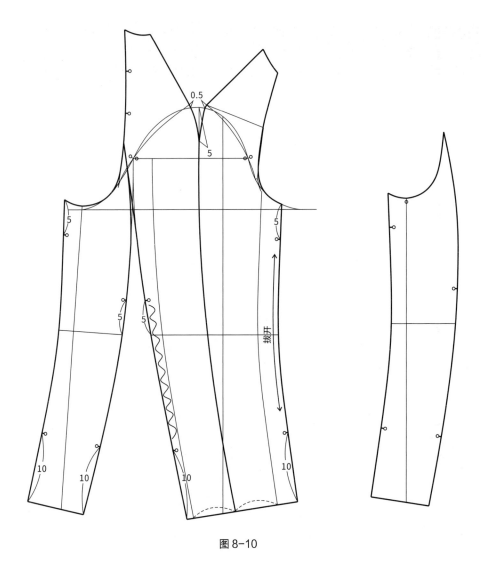

图 8-10

图 8-11

（步骤20、21见图8-11）

20. 合并前片插肩袖缝上的省，将量转移到前中胸围线处，并修顺弧线。腰省省尖点下降2cm，重新连接省线。

21. 后片合并后中省留0.3cm的量，剩余量转移到插肩袖缝垂直线处，并修顺弧线。

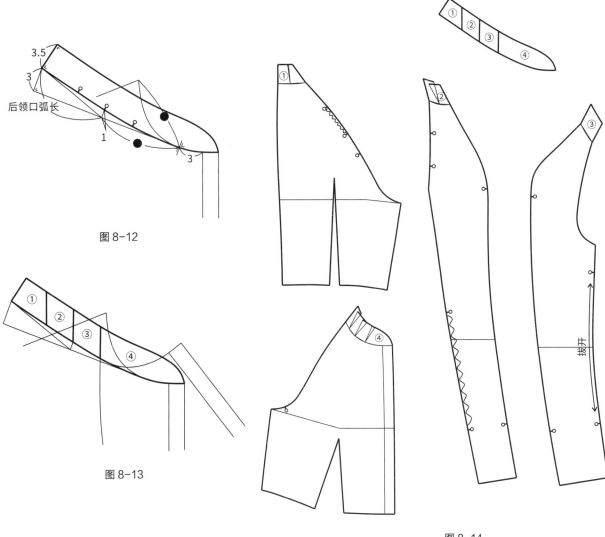

图 8-12

图 8-13

图 8-14

（步骤 1 ～ 5 见图 8-12）

1. 复制衣身前片领口部分。

2. 从前中线与领口弧线的交点向左，在前领口弧线上取 3cm 找一点，过该点作领口弧线的垂线，再垂直于这条垂线作领口弧线的切线。

3. 从切点到前颈侧点的领口弧线长度为●，在切线上取●找一点；量取后领口弧线的长度，再在切线上取后领口弧长得到一点；过该点向切线上方作垂线，在垂线上取 3cm 找一点为后领中心点。连接后领中心点和切线上前后领口弧线长度的分界点，从分界点向切线上方取 1cm 找一点。连接后领中心点、1cm 点及切点，画顺领下口弧线。

4. 从后领中心点向领座下口弧线上方作垂线，并在垂线上取 3.5cm 为后领座高，然后画顺领座上口弧线。

5. 对位点：量取前中到前分割线、前分割线到颈侧点、颈侧点到后分割线的距离，并在领座下口弧线上做对位记号，若弧线长度不足，需在后中补足相应的量。

6. 将前片和领子拼在一起，沿前分割线的方向在领片上画出分割线，其他对位点处的分割线与该分割线平行（图 8-13）。

7. 按照分割线将领子剪下并依次拼在大身和袖子上，拼的时候领子和大身领围线之间的间距不超过 0.2cm。如果超过可将领上口合并，以降低领中间的高度。分别拼好后，按照领子分割线将所有的裁片都拼在一起，然后按照造型设计修出领外形弧线至胸围线处（图 8-14、图 8-15）。

8. 扣位：以胸围线上的扣位为基准，向下连续取两次 8cm 各定一个扣位，扣眼长度为 1.5cm（图 8-15）。

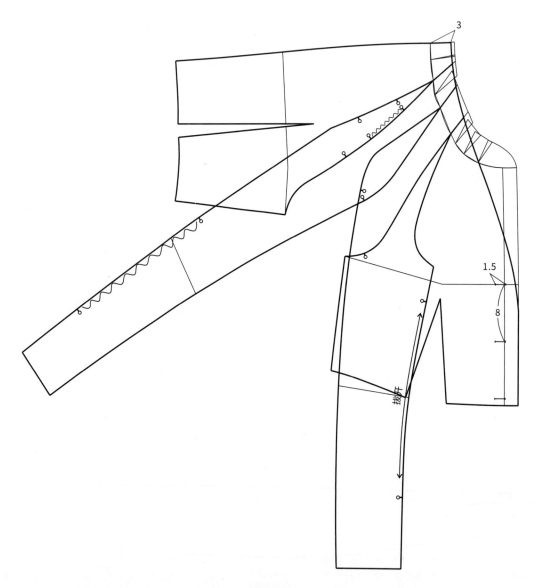

图 8-15

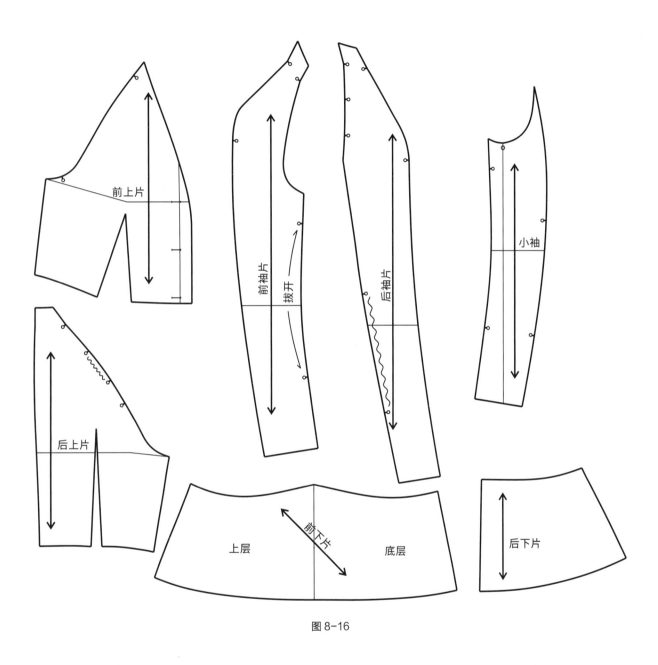

图 8-16

　　将所有裁片上的过程线删除,保留一些关键的线条,
检查每片的对位记号确保完整,然后作布纹线并备注裁
片名称。这里的裁片都为净版(图 8-16)。

9 立领落肩袖廓形外套

（一）款式图（图9-1）

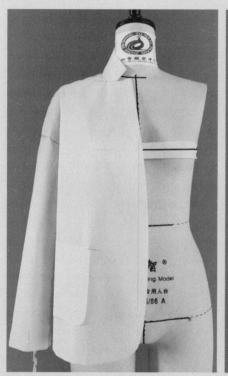
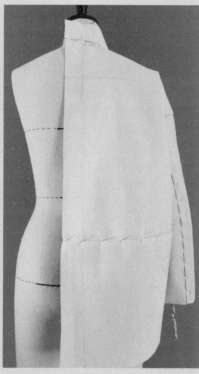
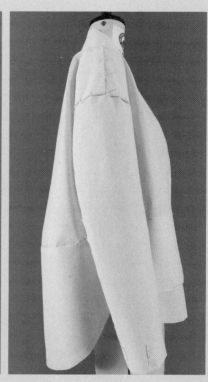

正视图　　　　　　　　　背视图　　　　　　　　　侧视图

图9-1

（二）样板规格（表9-1）

表9-1 样板规格表（单位：cm）

衣长	胸围	肩宽	小肩长	袖长	袖口围	总领宽	领座a	领面b
64	120	40	23	58	26	5.5	2	3.5

学习重点

1. 落肩袖结构制图方法。

2. 无省结构省量消除方法。

3. 后片龟背造型结构处理方法。

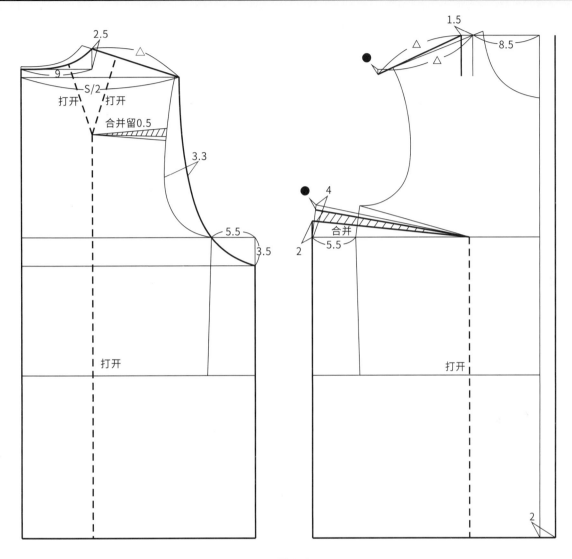

图 9-2

（步骤 1～10 见图 9-2）

1. 臀围线：以女装平面通用原型为基础，从腰围线向下 20cm 画水平线作为臀围线。

2. 前后领口：后领宽 9cm，领深 2.5cm，画顺后领口弧线；前领宽 8.5cm，画垂直线为前领宽线。

3. 侧缝：根据设定的胸围尺寸，以原型为基础向外扩 5.5cm。

4. 搭门线：在前中线右侧 2cm 处画平行线。

5. 胸/背宽：在原型基础上，胸围每增加 1cm，胸/背宽增加 0.6cm。按此比例来算，胸/背宽需增加 3.3cm。

6. 前胸省：省线延长，重新量取省量为 4cm，连接新省线。

7. 肩线：从后中线向右量取 S/2 画水平线，与肩线延长线相交于新的后肩点，量取新的后肩长为△，并在前肩延长线上取相同长度△。

8. 袖窿深：在原型基础上，胸围每增加 1cm，袖窿深增加 0.5cm。按此比例来算，在计算结果基础上大廓形款需再增加 0.5～1cm，因此该款式腋下点需下降 3.5cm。连接肩点、背宽点以及腋下点并画顺袖窿弧线。

9. 撇胸量：驳头翻折止点或扣位在胸围线以下时需要加撇胸量，以防止前胸宽线往两侧走。撇胸量一般为 1.5cm。从前领宽线向左平移 1.5cm 为新颈侧点，连接新颈侧点和肩点并延长至与后肩长△相同长度，得到新肩点。新肩点与原肩点之间的落差量为●，在前胸省处下落相同的量。

10. 前片起翘：腋下点起翘 2cm，然后连接 BP 点画新的胸围线。注：起翘一般用在宽松大廓形款，相当于把省量放到下摆处处理掉。

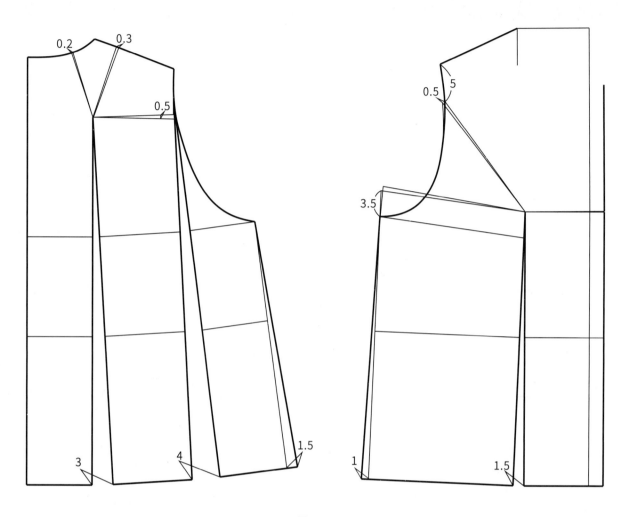

图 9-3

（步骤11、12见图9-3）

11. 后片省的处理：合并肩省留0.5cm的量，剩余量转移到臀围处3cm（2～3cm）、领口处0.2cm以及肩缝0.3cm。作腰围线的垂线并与袖窿弧线相切，沿垂直线剪开，在臀围处打开4cm（3～4cm）。侧缝在臀围线的位置向外扩1.5cm，然后连接新的侧缝，并且修顺袖窿弧线。

12. 前片省的处理：合并胸省转移到下摆，在臀围处留1.5cm的量，剩余量转移到前中胸围线处。侧缝在臀围线的位置向外扩1cm。袖窿深从胸围线处平行下落3.5cm得到新的腋下点。连接肩点、胸宽点以及腋下点并画顺袖窿弧线。从肩点向下在袖窿弧线上量取5cm得到一点，连接该点和BP点，并将前中腰省转移一部分到这里，打开的量不超过0.5cm，然后修顺袖窿弧线。

13. 衣长及下摆线：按照规格尺寸定前衣长，后片

从臀围线向下15cm（14～15cm）为后衣长作平行线，然后将前后片对齐腋下点拼在一起并画出下摆造型线（图9-4）。

14. 前口袋：从腰围线向下取1cm画平行线，从前中线向左量取9cm为口袋前端定位点；从定位点向左量取13.5cm为口袋宽，再垂直向上1cm为口袋另一端点；连接定位点和这一端点为口袋上口线。从上口线向下14.5cm为口袋高并作平行线，从袋深线两端向外各出0.5cm，向下0.2cm，画顺口袋圆角（口袋具体细节数据见图9-5，口袋整体位置见图9-6a）。

15. 后片分割线：从腰围线向下9cm作平行线，沿平行线将后片下半部分剪下。从后中线向右依次间隔5cm作平行线，沿每条平行线依次剪开并合并1.5cm（1.5～2cm），然后修顺下摆弧线（图9-6b、图9-7）。

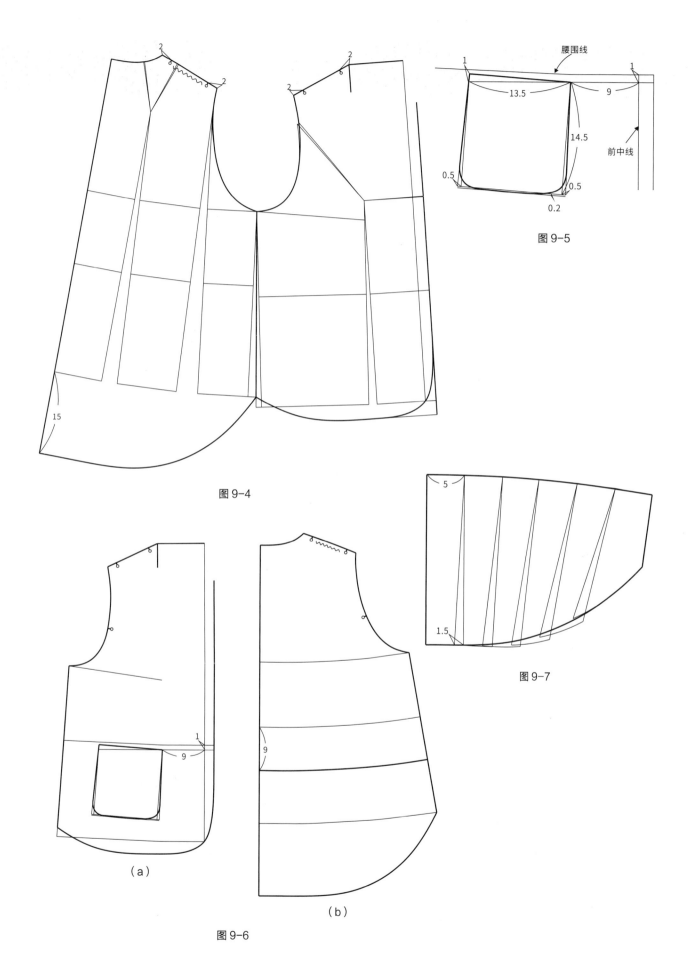

图 9-5

腰围线

前中线

13.5

14.5

9

1

1

0.5

0.5

0.2

图 9-4

15

2

2

2

2

2

图 9-7

5

1.5

图 9-6

（a）

（b）

1

9

9

领子制图步骤

领子的操作可以分两种：一种是做立领，另一种是做西服领。经过测试，西服领更加适合这个款式。

一、领子的基本参数

总领宽：5.5cm
领座 a：2cm
领面 b：3.5cm
倒伏量：1.5(b-a)

二、制图步骤

（步骤 1 ~ 7 见图 9-8）

1. 翻折线：从新颈侧点向右平移 0.7a 得到一点，连接该点至腰围线与搭门线的交点并向上作延长线。

2. 倒伏量：从翻折线向左 0.9a 画平行线，与肩线相交于 A 点。从 A 点向上，在平行线上量取总领宽 5.5cm 得到一点，过该点向平行线左侧作垂线，垂线长为 1.5(b-a)，连接 A 点与垂线尾端并向上延长，在这条延长线上量取后领口弧长 -0.2cm 得到 B 点。过 B 点向右作垂线，垂线长为总领宽 5.5cm，得到 C 点。

3. 串口线：从颈侧点沿领宽线向下量取 5cm，从前中线向下量取 7cm，连接两点画一条斜线作为串口线。串口线斜度、驳头宽根据款式而定，并不是固定值。

4. 前领口弧线：从前领宽线与串口线的交点向右 1cm 得到一点，颈侧点与该点连弧线为大身领口弧线；连接线段 AB 与 1cm 点并画顺弧线为领下口弧线。

5. 领嘴：从串口线上 1cm 点向右 3cm 为绱领点，过该点作 45° 角平分线，在角平分线上取 3cm 得到 D 点。

6. 领外口弧线：连接 C 点、D 点作弧线，并保证 C 点处为直角。

7. 驳头线：将串口线从绱领点向右延长 3.5cm 找到一点，该点到腰围线连弧线为驳头弧线。

8. 领子结构制图中，串口线斜度、驳头宽、领嘴夹角的数值要根据款式要求和个人审美来定。

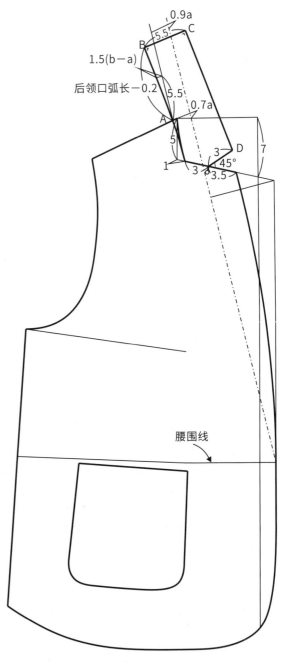

图 9-8

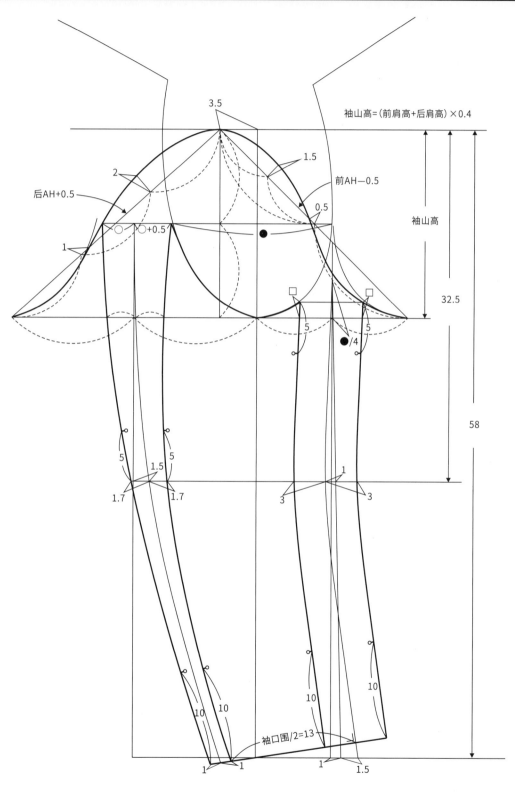

图 9-9

（步骤 1 ~ 17 见图 9-9）

1. 基本框架：作水平线和垂直线相交成十字，复制衣身前后袖窿于垂直线左右两侧，并测量出对应的前 AH、后 AH、前肩高和后肩高。*注：复制袖窿时需保证胸围线与水平线平齐。*

2. 袖山高：袖山高 =（前肩高 + 后肩高）× 0.4。

3. 袖长：从袖山高点垂直向下取 58cm 作袖长线。

4. 袖肘线：从袖山高点垂直向下 32.5cm 作袖肘线。

5. 扣势量：袖山高点向后片取 3.5cm 作为扣势量，得到新的袖山高点。

6. 前后袖山斜线：过新袖山高点作前袖山斜线 = 前 AH-0.5cm，后袖山斜线 = 后 AH+0.5cm。完成后，袖肥尺寸应在 37 ~ 38cm 之间。如果不在此区间内，需检查前后袖窿弧线的长度量取是否正确。

7. 前后袖山弧线：以前后袖山斜线与水平线的交点为基点复制衣身前后袖窿底，两交点之间的距离为袖肥尺寸。将前袖山斜线等分，从等分点向上 0.5cm 找一点；将等分点上方的斜线再次等分，从这次的等分点向斜线上方作垂线并在垂线上取 1.5cm 找一点；连接袖山高点、1.5cm 点、0.5cm 点及前袖肥点为前袖山弧线。将后袖山斜线三等分，从第二个三等分点向上 1cm 找一点；从第一个三等分点向斜线上方作垂线并在垂线上取 2cm 找一点；连接袖山高点、2cm 点、1cm 点以及后袖肥点为后袖山弧线。*注：后袖底弧线与后袖窿底弧线基本保持重合，前袖底弧线与前袖窿底弧线重合量在 2cm 以内。*

8. 前后袖肥中线及袖山高中线：过前袖肥中点作垂线为前袖肥中线；过后袖肥中点作垂线为后袖肥中线；过袖山高中点作水平线为袖山高中线，前后袖窿弧线之间的距离为●。

9. 前袖偏量：从前袖肥中线与袖肥线的交点向上量取 ● /4 得到一点，从前袖肥中线与袖长线的交点向右量 1cm 得到一点，连接两点为前袖偏量线。

10. 前袖弯量：从前袖偏量线与袖肘线的交点向左 1cm 得到一点，从前袖偏量线与袖长线的交点向右 1.5cm 得到一点，上述两点与 ● /4 点连弧线为前袖弯量，同时也是前袖缝中线。

11. 袖口线：过袖长线与袖中线的交点作前袖缝中线的垂线为袖口线。

12. 后袖缝中线：在袖口线上量取袖口围 /2 得一点，从后袖肥中线与袖肘线的交点向右 1.5cm 找一点，后袖肥中线与袖山高中线的交点、1.5cm 及袖口点连弧线为后袖缝中线。

13. 前借袖：在前袖缝中线两侧 3cm 处分别作平行线为大小袖前袖缝。大袖前袖缝线与袖山弧线的交点到袖肥线的高度为□，在小袖前袖缝上取相同高度□并修顺袖底弧线。

14. 后借袖：后袖缝中线与袖山高中线的交点到后袖山弧线的距离为○，在交点右侧量取○ +0.5cm 得到一点；在后袖缝中线两侧，在袖肘线上各取 1.7cm；在袖口线上各取 1cm；分别连接上述各点并修顺弧线为大小袖后袖缝。

15. 后袖底弧线：过○ +0.5cm 点作后袖窿底弧线的切线。

16. 对位记号：将大小袖分开，检查袖山弧线和袖口处是否圆顺。在前袖缝上，从顶端向下取 5cm 做对位记号，从袖口向上取 10cm 做对位记号，中间部分大袖缝需拔开；从顶端向下对齐大小袖后袖缝，从袖肘线向上取 5cm 做对位记号，从袖口向上取 10cm 做对位记号，中间部分大袖缝需缩缝。

17. 袖山吃量：前后袖山总吃量为 2.5cm，前后分配比例为前 40%，后 60%。

（步骤 18、19 见图 9-10 ~ 图 9-12）

18. 袖子与大身对位：复制小袖，然后将大小袖后袖缝拼在一起。从袖山高点垂直向下 11cm（11 ~ 12cm）确定落肩位置，并画顺分割线。量取从腋下点到袖山高中线与袖山弧线交点的袖山弧线长度，并在大身袖窿弧线上取相同长度做对位记号。剪下借袖部分，对齐记号点拼在大身袖窿上，并保证前后肩点到袖山弧线的垂直距离都不超过 0.5cm。拼完后前后肩点之间的距离应在 2 ~ 2.5cm 范围内。一般情况下，后肩点到袖山高点的距离与前肩点到袖山高点的距离比值为 1 ~ 1.5，如果不在此范围内，可以微调袖山高点的位置。然后从袖山高点向下量取 5cm（4 ~ 5cm）为肩缝省长，连接并修顺肩缝至落肩分割线处。

19. 沿分割线将袖子下半部分剪下，上半部分拼在大身，重叠的部分剪开拼在袖窿处。量取袖窿弧线与袖山弧线的长度，检查袖山吃量。因为是落肩袖，袖山弧线长度应小于大身袖窿弧线长度，根据面料不同，数值会有变化。如果袖山弧线比袖窿弧线长，可以通过加长袖窿弧线来达到要求，方法是分别在前后肩缝下方 3cm 处画平行线，沿平行线剪开并展开 0.5cm，然后修顺袖窿弧线。将前后片拼在一起，检查肩点处袖窿弧线是否圆顺，在修顺肩缝的时候，如果后片弧度过大，可以将后片去掉一些量修顺，然后将量补到前片。

（步骤 20、21 见图 9-13、图 9-14）

20. 再一次检查袖山吃量，如果袖山弧线仍比袖窿弧线长，可将每条袖缝在袖山弧线上向里收 0.2cm，一直修顺至袖口（在袖口线上不去量）。注意在去量以前需要将对位记号做好。

21. 按照对位记号对齐大袖小袖，然后将袖山弧线修顺。

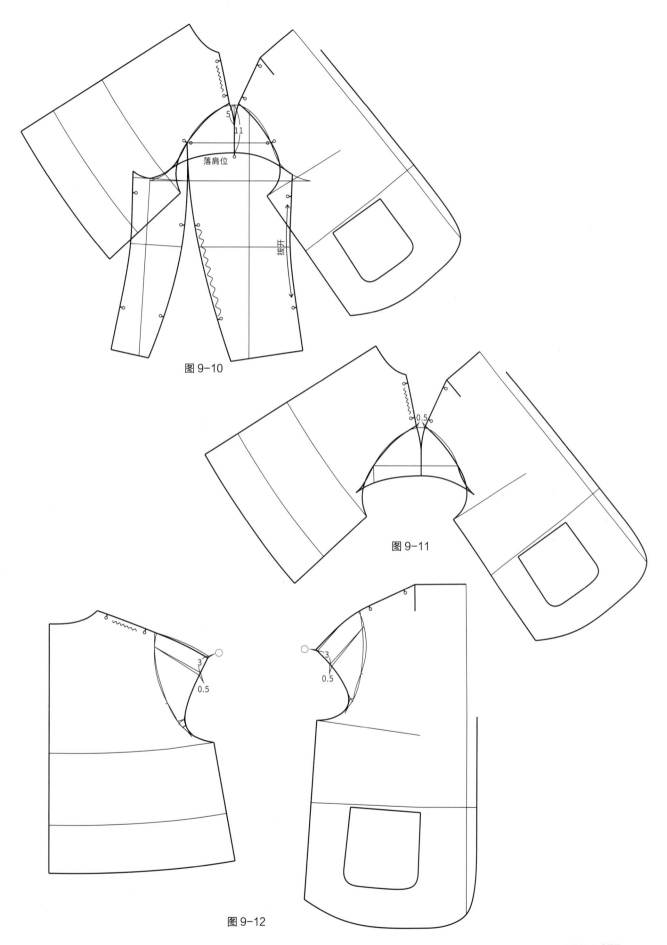

图 9-10

落肩位

拔开

5

11

图 9-11

0.5

图 9-12

3

0.5

3

0.5

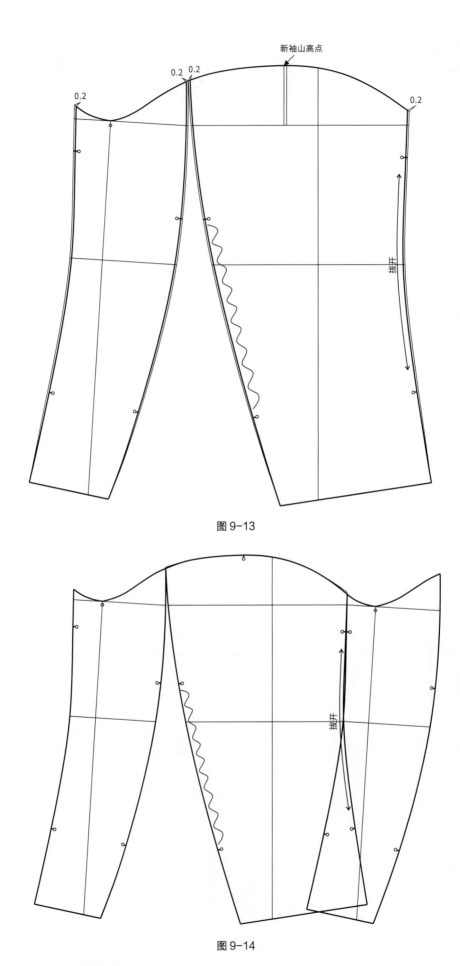

新袖山高点

0.2   0.2

0.2   0.2

拔开

图 9-13

拔开

图 9-14

分片图

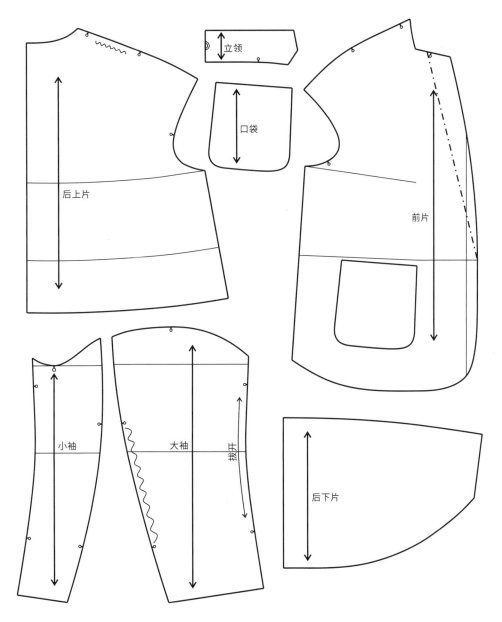

立领

口袋

后上片

前片

小袖

大袖

挂片

后下片

图 9-15

将所有裁片上的过程线删除,保留一些关键的线条,
检查每片的对位记号确保完整,然后作布纹线并备注裁
片名称。这里的裁片都为净版(图 9-15)。

10 双排扣西服

（一）款式图（图 10-1）

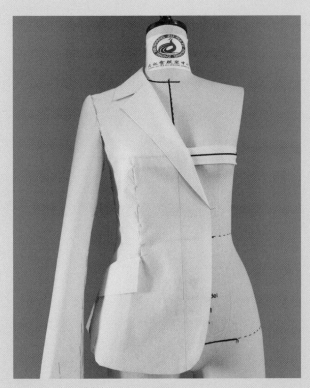 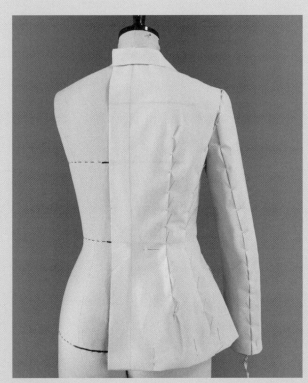

正视图　　　　　　　　　图 10-1　　　　　　　　　背视图

（二）样板规格（表 10-1）

表 10-1 样板规格表（单位：cm）

衣长	胸围	肩宽	腰围	袖长	袖口围	总领宽	领座 a	领面 b
62	92	39	74	58	25	8	3	5

学习重点

1. 西服领结构。
2. 口袋结构处理。

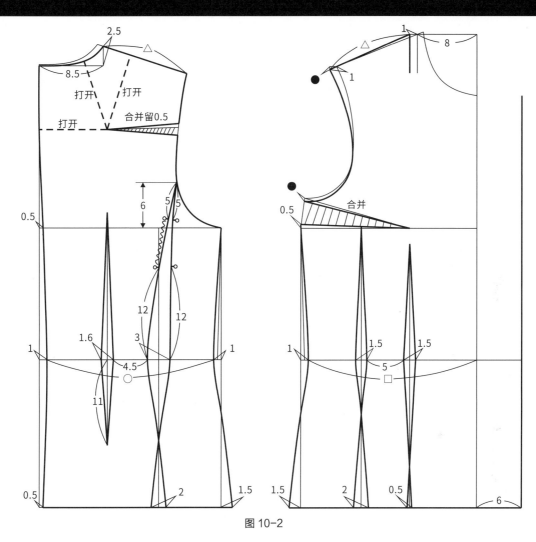

图 10-2

（步骤 1 ~ 11 见图 10-2）

1. 臀围线：以女装平面通用原型为基础，从腰围线向下 20cm 画水平线作为臀围线。

2. 前后领口：后领宽 8.5cm，领深 2.5cm，画顺弧线；前领宽 8cm，画垂直线为前领宽线。

3. 侧缝：胸围和原型一致，过腋下点作垂直线即可。

4. 搭门线：在前中线右侧 6cm 处画平行线。

5. 腰围：后腰围 =W/4-1cm=17.5cm；前腰围 =W/4+1cm=19.5cm。

6. 后背缝：从后中线向右，胸围线处收 0.5cm，腰围线处收 1cm，臀围线处收 0.5cm，连接上述各点和后领中心点，其中腰围到臀围处连直线。

7. 后片侧缝线：从侧缝向左，腰围线处收 1cm；从侧缝向右，臀围线处出 1.5cm，上述两点和腋下点连弧线。

8. 后片省及分割线：按照原型后中腰省的位置向下 11cm 作一个省道，上端同原型。后背缝与侧缝在腰围线处的距离为○，后侧腰省到后中腰省的距离为 4.5cm

（4 ~ 4.5cm），省量为○ -17.5cm（后腰围）-1.6cm（后中省量）=3cm；臀围线处展开 2cm；分割线与袖窿弧线的交点到胸围线的垂直距离为 6cm，然后画顺分割线。分割线要画得直一点，分别从刀背缝顶端向下 5cm、腰围线向上 12cm 做对位记号，记号中间部分的后片分割线需要缩缝。分割线是结构线，同时也要美观，这些数据不是固定值，要根据款式要求来确定。

9. 前片侧缝线：腋下点起翘 0.5cm，腰围线处侧缝向里收 1cm，臀围线处侧缝向外出 1.5cm，弧线连接。

10. 前片省及分割线：前中腰省同原型，臀围处展开 0.5cm，直线连接。前中到侧缝在腰围处的距离为□，前侧腰省的省量为□ -19.5cm（前腰围）-1.5cm（前中省量）=1.5cm；臀围线处展开 2cm；上述点连弧线。

11. 撇胸量：从前领宽线向左平移 1cm 为新颈侧点，连接新颈侧点和肩点并延长至与后肩长△相同长度，得到新肩点。新肩点与原肩点之间的落差量为●，在前胸省处下落相同的量，并修顺袖窿弧线。

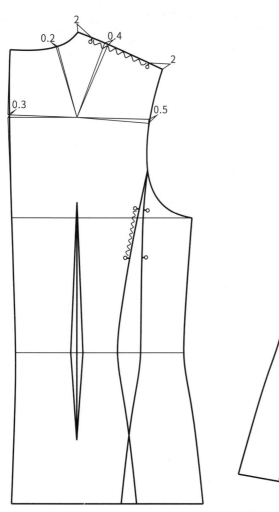
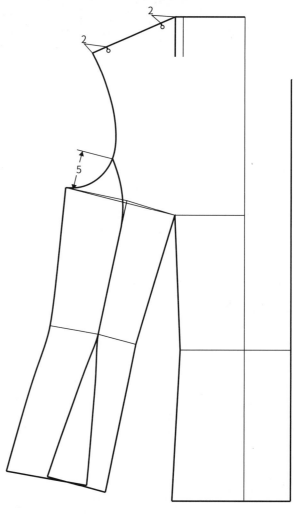

图 10-3

（步骤 12 ~ 14 见图 10-3）

12. 后片省的处理：合并肩省留 0.5cm 的量，剩余量转移到后背 0.3cm（0.3 ~ 0.4cm）、领口 0.2cm（0.2 ~ 0.3cm）以及肩缝 0.4cm，然后修顺后中线。

13. 前片省及分割线：合并前侧片腰省转移到胸省处，合并量不可超过 1.5cm；合并胸省转移到前中腰省处。分割线与袖窿弧线的交点到胸围线的垂直距离为 5cm，修顺前片背缝分割线，线条要顺畅美观。

14. 肩缝对位记号：在肩缝上，从颈侧点和肩点分别向里 2cm 做对位记号，记号中间部分的后片肩缝需要缩缝。

15. 修顺下摆弧线：按照样板规格定衣长，沿腰围线对齐，将前片、前侧片、后侧片、后片下摆合并，侧缝要从袖窿底向下对合，然后修顺下摆线。下摆需要按照设计图作圆角处理，首先确定驳头翻折点，具体高度依款式而定，这款从腰围线向上 7.5cm 在搭门线上找一点，下摆处从搭门线向左 3cm 找一点，然后连接两点画斜线，以这条斜线为准画顺圆角（图 10-4）。

（步骤 16 ~ 18 见图 10-5）

16. 口袋位：将前片和前侧片腰围线对齐拼在一起，从上而下定位，从前片腰围线向下 3cm 在前中省的省线找一点，再从前侧片腰围线向下 5.5cm（5 ~ 6cm）在侧缝得一点（也可从下而上定位，从前下摆向上 17cm 找一点，从侧下摆向上 12.5cm 找一点），连接两点为口袋位。这些数据根据款式要求而定，不是固定值。

17. 前片：沿袋口线剪开，侧片需要做连兜垫布，侧片分离接袋布，将侧上片和前中省左侧的下半部分拼在一起，并将兜的形状画圆顺。大身部分将腰省转移到原来的位置，省尖点下降 2cm。根据款式造型，口袋是离开衣身的，袋口线需要加长一点，因此在分割线处打开 0.7cm（0.7 ~ 1cm）的量并画顺袋口弧线，弧线深度为 0.5cm。袋口弧线到上片的距离不可小于 1cm。

18. 袋盖：从袋口线向下 5.5cm 画平行线为袋盖高，袋盖两侧边相互平行。因为袋盖要呈现立体感，需从上边缘向上 1cm 画平行线，翻折上边缘线会发现后侧边被盖住，前侧边外露，所以前侧需要去量，后侧需要补量。

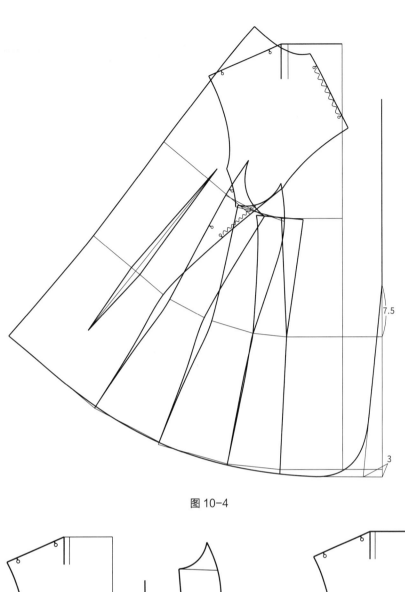

图 10-4

7.5

3

5.5

3

大于等于1

0.7

0.5

5.5

2

1

图 10-5

领子制图步骤

一、领子的基本参数

总领宽：8cm
领座 a：3cm
领面 b：5cm
倒伏量：1.8(b-a)

二、领子基本制作步骤

（步骤 1 ~ 8 见图 10-6a）

1. 翻折线：从新颈侧点向右平移 0.7a 得到一点，连接该点至搭门线上腰围线和胸围线的中间位置。

2. 倒伏量：从翻折线向左 0.9a 画平行线，与肩线相交于 A 点。从 A 点向上，在平行线上量取总领宽 8cm 得到一点，过该点向平行线左侧作垂线，垂线长为 1.8(b-a)，连接 A 点与垂线尾端并向上延长，在这条延长线上量取后领口弧长 -0.2cm 得到 B 点。过 B 点向右作垂线，垂线长为总领宽 8cm，得到 C 点。

3. 串口线：从颈侧点沿领宽线向下 5cm（4 ~ 5cm）得一点，从前中线向下 6.5cm（6 ~ 7cm）得一点，连接两点画一条斜线作为串口线。在翻折线右侧作垂线并与串口线相交，在垂线上取驳头宽为 8cm。

4. 领嘴：从串口线驳头宽点向里量取 4cm 为绱领点，领嘴开口为 1.5cm（1.5 ~ 2cm），领头长 5cm（4.5 ~ 5cm），得到 D 点。

5. 领外口弧线：连接 C 点、D 点作弧线，并保证 C 点处为直角。

6. 驳头线：串口线驳头宽点与翻折点连弧线，弧线深度为 0.2cm（0.2 ~ 0.3cm，具体根据款式效果而定）。

7. 前领口弧线：从前领宽线与串口线的交点向右 1cm 得到一点，颈侧点与该点连弧线为大身领口弧线；然后修顺领下口弧线并与大身领口弧线相切。

8. 领子结构制图中，串口线斜度、驳头宽、领嘴夹角的数值要根据款式要求和个人审美来定。

三、分小领

（步骤 1 ~ 5 见图 10-6b）

1. 在后中线上量取 2cm 得一点，在前端量取 1.2cm 得一点，画弧线连接两点并保证颈侧点与弧线之间的距离不小于 1.8cm。

2. 从后中线向右依次间隔 3.5cm 作平行线，其中应有一条线经过颈侧点。如果没有一条线经过颈侧点，可微调一下距离。

3. 先沿弧线剪开小领，再沿每条平行线依次剪开并合并，合并量分别为 0.1cm（0.1 ~ 0.2cm）、0.1cm（0.1 ~ 0.2cm）、0.3cm（0.3 ~ 0.4cm）和 0.2cm（0.2 ~ 0.3cm），合并后修顺弧线。最后检查起翘量是否在 1 ~ 1.5cm 之间。

4. 将上领沿每条平行线依次剪开并合并，每处合并量都比小领大 0.1cm，分别为 0.2cm、0.2cm、0.4cm 和 0.3cm，合并后修顺弧线。

5. 做对位记号：从前端向左量取 3cm 做对位记号，从后中向右量取 7cm 做对位记号。这里的 7cm 不是固定值，只要保证两个对位记号间的距离为 4 ~ 5cm 即可。

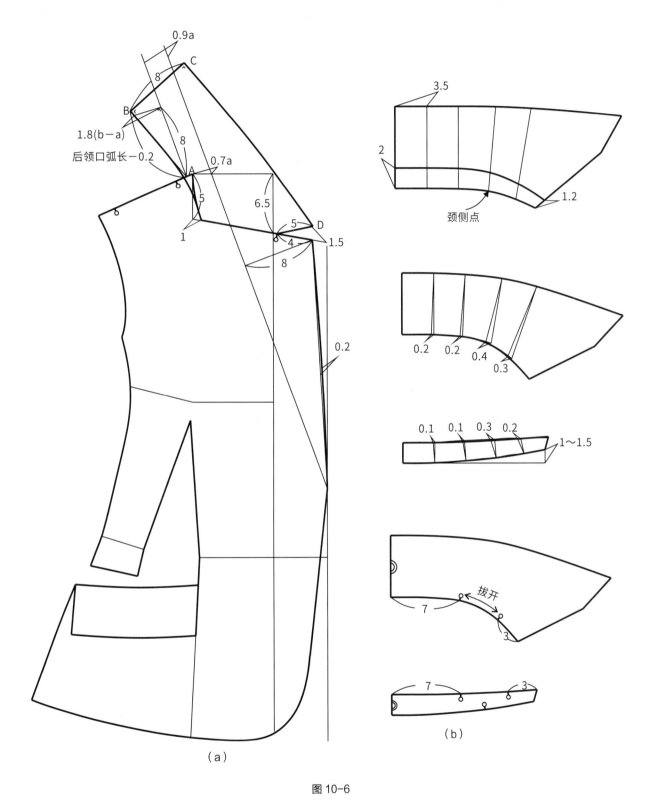

图 10-6

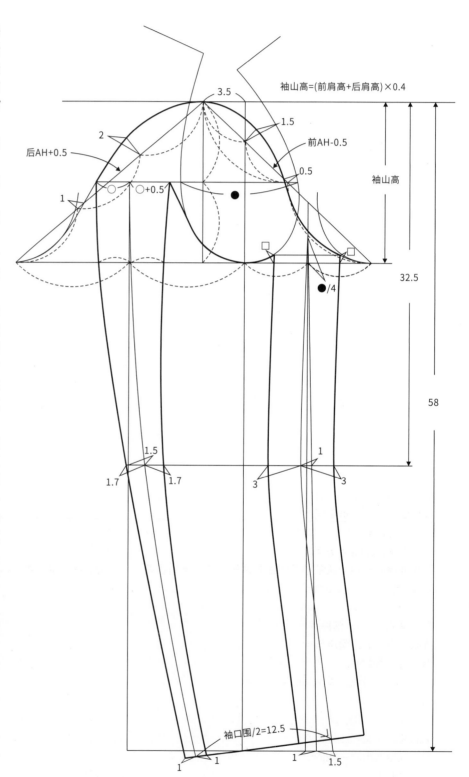

袖子制图步骤

（步骤1～16见图10-7）

1. 基本框架：作水平线和垂直线相交成十字，复制衣身前后袖窿于垂直线左右两侧，并测量出对应的前AH、后AH、前肩高和后肩高。注：复制袖窿时需保证胸围线与水平线平齐。

2. 袖山高：袖山高=（前肩高+后肩高）×0.4。

3. 袖长：从袖山高点垂直向下取58cm作袖长线。

4. 袖肘线：从袖山高点垂直向下32.5cm作袖肘线。

5. 扣势量：袖山高点向后片取3.5cm作为扣势量，得到新的袖山高点。

6. 前后袖山斜线：过新袖山高点作前袖山斜线=前AH-0.5cm，后袖山斜线=后AH+0.5cm。完成后，袖肥尺寸应在32～33cm之间。如果不在此区间内，需检查前后袖窿弧线的长度量取是否正确。

7. 前后袖山弧线：以前后袖山斜线与水平线的交点为基点复制衣身前后袖窿底，两交点之间的距离为袖肥尺寸。将前袖山斜线等分，从等分点向上0.5cm找一点；将等分点上方的斜线再次等分，从这次的等分点向斜线上方作垂线并在垂线上取1.5cm找一点；连接袖山高点、1.5cm点、0.5cm点及袖肥点作为前袖山弧线。将后袖山斜线三等分，从第二个三等分点向上1cm找一点；从第一个三等分点向斜线上方作垂线并在垂线上取2cm找一点；连接袖山高点、2cm点、1cm点以及袖肥点作为后袖山弧线。注：后袖底弧线与后袖窿底弧线基本保持重合，前袖底弧线与前袖窿底弧线重合量在2cm以内。

3.5

袖山高=（前肩高+后肩高）×0.4

1.5

2

后AH+0.5

前AH-0.5

0.5

袖山高

1

○　○+0.5

●

●/4

32.5

58

1.5

1

1.7　1.7

3　3

袖口围/2=12.5

1　1

1　1.5

图 10-7

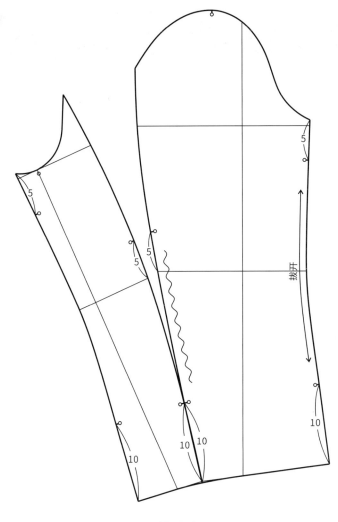

图 10-8

8. 前后袖肥中线及袖山高中线：过前袖肥中点作垂线为前袖肥中线；过后袖肥中点作垂线为后袖肥中线；过袖山高中点作水平线为袖山高中线，前后袖窿弧线之间的距离为●。

9. 前袖偏量：从前袖肥中线与袖肥线的交点向上量取●/4得到一点，从前袖肥中线与袖长线的交点向右量1cm得到一点，连接两点为前袖偏量线。

10. 前袖弯量：从前袖偏量线与袖肘线的交点向左1cm得到一点，从前袖偏量线与袖长线的交点向右1.5cm得到一点，上述两点与●/4点连弧线为前袖弯量，同时也是前袖缝中线。

11. 袖口线：过袖长线与袖中线的交点作前袖缝中线的垂线为袖口线。

12. 后袖缝中线：在袖口线上量取袖口围/2得一点，从后袖肥中线与袖肘线的交点向右1.5cm找一点，后袖肥中线与袖山高中线的交点、1.5cm及袖口点连弧线为后袖缝中线。

13. 前借袖：在前袖缝中线两侧3cm处分别作平行线为大小袖前袖缝。大袖前袖缝线与袖山弧线的交点到袖肥线的高度为□，在小袖前袖缝上取相同高度□并修顺袖底弧线。

14. 后借袖：后袖缝中线与袖山高中线的交点到后袖山弧线的距离为○，在交点右侧量取○+0.5cm得到一点；在后袖缝中线两侧，在袖肘线上各取1.7cm；在袖口线上各取1cm；分别连接上述各点并修顺弧线为大小袖后袖缝。

15. 后袖底弧线：过○+0.5cm点作后袖窿底弧线的切线。

16. 袖山吃量：前后袖山总吃量为2.5cm，前后分配比例为前40%，后60%。

17. 对位记号：将大小袖分开，检查袖山弧线和袖口处是否圆顺。在前袖缝上，从顶端向下取5cm做对位记号，从袖口向上取10cm做对位记号，中间部分大袖缝需拔开；从顶端向下对齐大小袖后袖缝，从袖肘线向上取5cm做对位记号，从袖口向上取10cm做对位记号，中间部分大袖缝需缩缝（图10-8）。

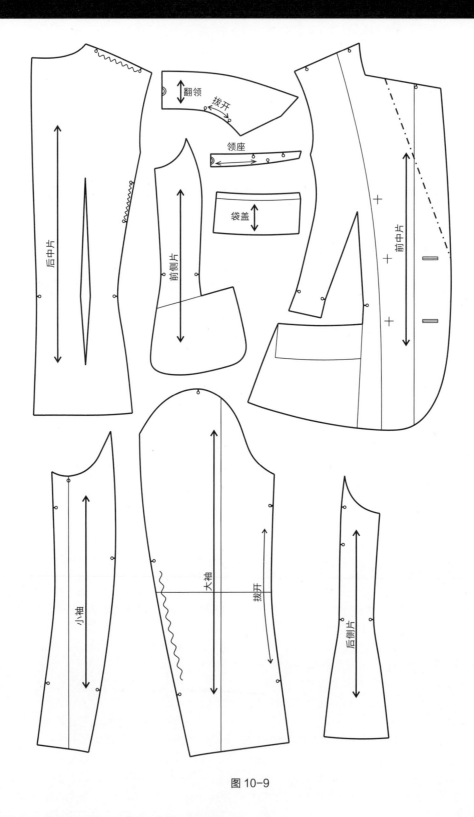

翻领
拔开
领座
袋盖
后中片
前侧片
前中片
小袖
大袖
拔开
后侧片

图 10-9

　　将所有裁片上的过程线删除，保留一些关键的线条，检查每片的对位记号确保完整，然后作布纹线并备注裁片名称。这里的裁片都为净版（图 10-9）。

11 男友装

（一）款式图（图 11-1）

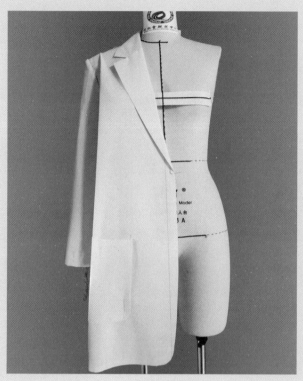

正视图

图 11-1

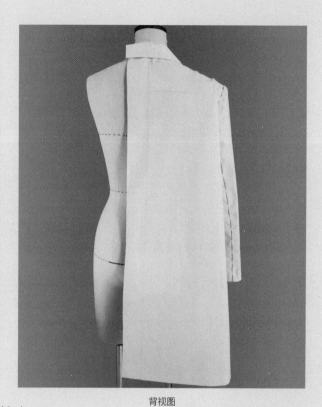

背视图

（二）样板规格（表 11-1）

表 11-1 样板规格表（单位：cm）

衣长	胸围	肩宽	袖长	袖口围	总领宽	领座 a	领面 b
90	118～120	46	58	26	8.5	3	5.5

学习重点

1. 前后松量的追加方法。
2. 西服领、西服袖结构制图。
3. 无省结构制图方法。

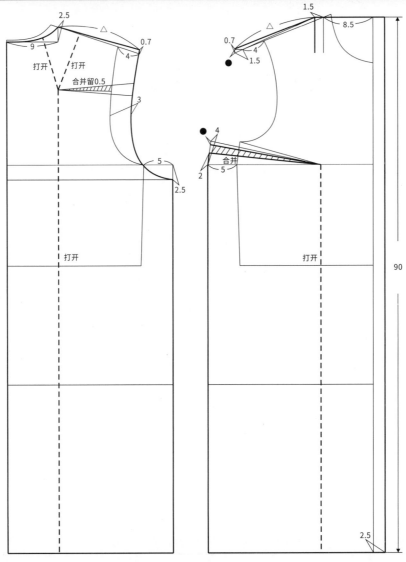

图 11-2

（步骤 1 ~ 11 见图 11-2）

1. 臀围线：以女装平面通用原型为基础，从腰围线向下 20cm 画水平线作为臀围线。

2. 前后领口：后领宽 9cm，领深 2.5cm，画顺后领口弧线；前领宽 8.5cm，画垂直线为前领宽线。

3. 侧缝：以原型为基础向外扩 5cm。

4. 搭门线：在前中线右侧 2.5cm 处画平行线。

5. 胸 / 背宽：在原型基础上，胸围每增加 1cm，胸 / 背宽增加 0.6cm。按此比例来算，胸 / 背宽需增加 3cm。

6. 前胸省：省线延长，重新量取省量为 4cm，连接新省线。

7. 后肩宽：后肩线延长 4cm 得一点，从该点向上 0.7cm 增加垫肩量（垫肩追加比例为垫肩厚 1cm 垫肩量

增加 0.7cm）得一点为新的肩点，连接新肩点和颈侧点为新的后肩线。

8. 前肩宽及撇胸量：前肩线延长 4cm 得一点，从前领宽线向左平移 1.5cm 为新颈侧点，连接新颈侧点与 4cm 点并延长 1.5cm，得到新肩点。新肩点与 4cm 点之间的落差量为 ●，在前胸省处下落相同的量。从新肩点向上量取 0.7cm 增加垫肩量，连接该点与新颈侧点为新的前肩线。

9. 袖窿深：在原型基础上，胸围每增加 1cm，袖窿深增加 0.5cm。按此比例来算，腋下点需下降 2.5cm。连接肩点、背宽点以及腋下点并修顺袖窿弧线。

10. 前片起翘：腋下点起翘 2cm，然后连接 BP 点为新的胸围线。

11. 衣长：根据样板规格尺寸确定衣长线。

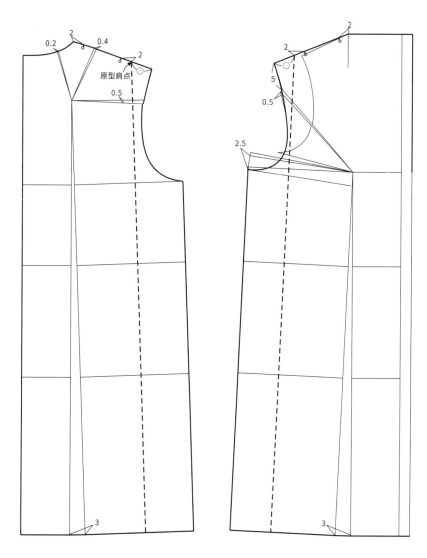

图 11-3

（步骤12～15见图11-3、图11-4）

12. 后片省的处理：合并肩省留0.5cm的量，剩余量转移到下摆3cm（2～3cm）、领口0.2cm以及肩缝0.4cm。过原型肩点向下作胸围线、腰围线的垂直线，沿垂直线剪开，在下摆处展开10cm（8～10cm），从侧缝向外出1.5cm，然后连接新的侧缝，并修顺袖窿弧线。

13. 前片省的处理：合并胸省转移到下摆处，下摆处展开量为3cm（2～3cm），剩余量暂时转移到前中胸围线处。袖窿深从胸围线处平行下落2.5cm得到新的腋下点。连接肩点、胸宽点以及腋下点并画顺袖窿弧线。从肩点向下在袖窿上量取5cm得一点，连接该点和BP点，并将前中腰省转移到这里一部分，打开的量不超过0.5cm。然后修顺袖窿弧线。

14. 肩缝对位记号：在前片肩缝上，从肩点向里取后片○相同长度为展开线对位点；分别从前后片展开线对位点向里2cm、颈侧点向里2cm做对位记号，记号中间部分的后片肩缝需要缩缝。

15. 前片展开处理：过肩缝展开线对位点向下作胸围线、腰围线的垂直线，沿垂直线剪开，在下摆处展开10cm（8～10cm），从侧缝向外出1.5cm，然后连接新的侧缝。

16. 修顺下摆线：将前后片侧缝对齐腋下点拼在一起并修顺下摆线，前中按款式效果作圆角处理（图11-5）。

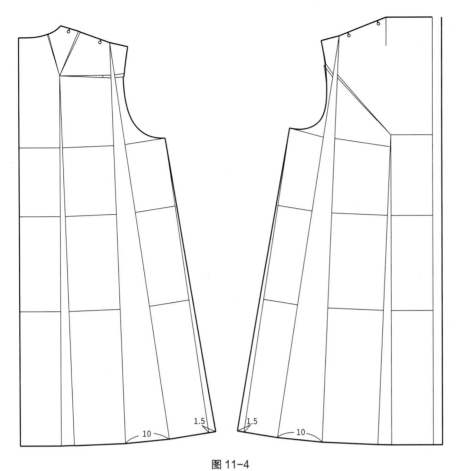

图 11-4

图 11-5

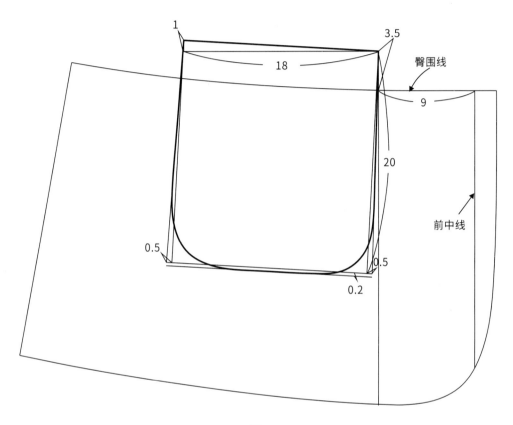

图 11-6

17. 前口袋：从前中线向左 9cm 画平行线与臀围线相交，从交点垂直向上量取 3.5cm 为口袋前端定位点；从定位点水平向左量取 18cm 为口袋宽，再垂直向上 1cm 为口袋另一端点；连接定位点和这一端点为口袋上口线。从上口线向下 20cm 为口袋高并作平行线，从袋深线两端向外各出 0.5cm，向下 0.2cm，画顺口袋圆角。口袋的位置和形状按照款式要求而定，只影响外观效果，并不影响结构（图 11-6）。

领子制图步骤

一、领子的基本参数

总领宽：8.5cm
领座 a：3cm
领面 b：5cm
倒伏量：1.5(b−a)

二、领子的基本制图步骤

（步骤 1 ~ 7 见图 11-7a）

1. 翻折线：从新颈侧点向右平移 0.7a 得到一点，连接该点至腰围线与搭门线的交点并向上作延长线。

2. 倒伏量：从翻折线向左 0.9a 画平行线，与肩线相交于 A 点。从 A 点向上，在平行线上量取总领宽 8.5cm 得到一点，过该点向平行线左侧作垂线，垂线长为 1.5(b−a)，连接 A 点与垂线尾端并向上延长，在这条延长线上量取后领口弧长 −0.2cm 得到 B 点。过 B 点向右作垂线，垂线长为总领宽 8.5cm，得到 C 点。

3. 串口线：从颈侧点沿领宽线向下 6cm 得一点，从前中线向下量取 7cm 得一点，连接两点画一条斜线为串口线，串口线的位置、长度和斜度按款式要求来定。在翻折线右侧作垂线并与串口线相交，在垂线上取驳头宽为 9cm。串口线驳头宽点与翻折点连直线。

4. 领嘴：从串口线驳头宽点向里量取 4.5cm 为绱领点，过该点作 45°角平分线，在角平分线上取 4cm 得到 D 点。

5. 领外口弧线：连接 C 点、D 点作弧线，并保证 C 点、D 点处为直角。

6. 驳头线：串口线驳头宽点与翻折点连弧线，弧线深度为 1cm（按款式要求来定）。

7. 前领口弧线：从前领宽线与串口线的交点向右 1cm 得到一点，颈侧点与该点连弧线为大身领口弧线；然后修顺领下口弧线并与大身领口弧线相切。

三、分小领

（步骤 1 ~ 5 见图 11-7b）

1. 在后中线上量取 2cm 得一点，在前端量取 1.2cm 得一点，画弧线连接两点并保证颈侧点与弧线之间的距离不小于 1.8cm。

2. 从后中线向右依次间隔 3cm 作平行线，其中应有一条线经过颈侧点。如果没有一条线经过颈侧点，可微调一下距离。

3. 先沿弧线剪开小领，再沿每条平行线依次剪开并合并，合并量分别为 0.1cm（0.1 ~ 0.2cm）、0.1cm（0.1 ~ 0.2cm）、0.3cm（0.3 ~ 0.4cm）和 0.2cm（0.2 ~ 0.3cm），合并后修顺弧线。最后检查起翘量，保证在 1 ~ 1.5cm 之间。

4. 将上领沿每条平行线依次剪开并合并，每处合并量都比小领大 0.1cm，分别为 0.2cm、0.2cm、0.4cm 和 0.3cm，合并后修顺弧线。

5. 做对位记号：从前端向左量取 3cm 做对位记号，从后中向右量取 8cm 做对位记号。这里的 8cm 不是固定值，只要保证两个对位记号间的距离为 4 ~ 5cm 即可。

6. 西服领结构制图中，除了颈侧点以上部分的数据是通过公式计算出来的确定值外，其他数据均不是固定值，特别是串口线斜度、驳头宽、领嘴夹角的数值会影响外观效果，要根据款式要求和个人审美来确定。

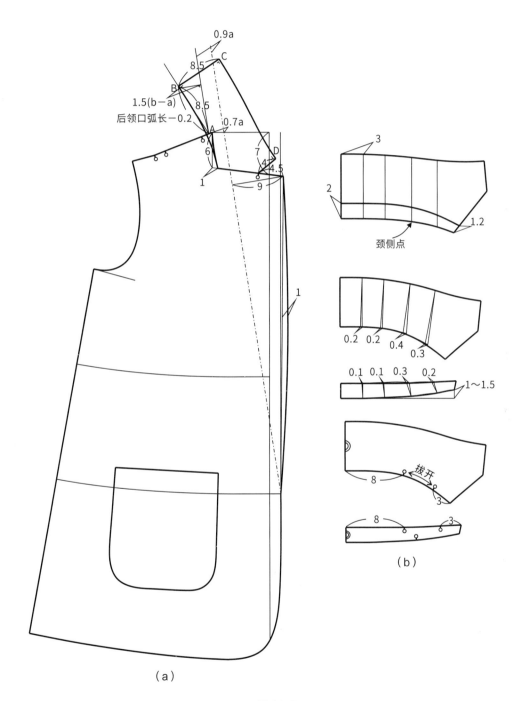

0.9a

C

8.5

B

1.5(b−a)

8.5

后领口弧长−0.2

A

0.7a

6

D

7

4

4.5

1

9

1

（a）

3

2

颈侧点

1.2

0.2 0.2

0.4

0.3

0.1 0.1 0.3 0.2

1~1.5

拔开

8

3

8

3

（b）

图 11-7

（步骤 1 ～ 17 见图 11-8）

1. 基本框架：作水平线和垂直线相交成十字，复制衣身前后袖窿于垂直线左右两侧，并测量出对应的前 AH、后 AH、前肩高和后肩高。*注：复制袖窿时需保证胸围线与水平线平齐。*

2. 袖山高：袖山高 =（前肩高 + 后肩高）× 0.4。

3. 袖长：从袖山高点垂直向下取 58.7cm（包含 0.7cm 垫肩量）作袖长线。

4. 袖肘线：从袖山高点垂直向下 33.2cm 作袖肘线。

5. 扣势量：袖山高点向后片取 3.5cm 作为扣势量，得到新的袖山高点。

6. 前后袖山斜线：过新袖山高点作前袖山斜线 = 前 AH−0.5cm，后袖山斜线 = 后 AH+0.5cm。完成后，袖肥尺寸应在 35 ～ 36cm 之间。如果不在此区间内，需检查前后袖窿弧线的长度量取是否正确。

7. 前后袖山弧线：以前后袖山斜线与水平线的交点为基点复制衣身前后袖窿底。将前袖山斜线等分，从等分点向上 0.5cm 找一点；将等分点上方的斜线再次等分，从这次的等分点向斜线上方作垂线并在垂线上取 1.5cm 找一点；连接袖山高点、1.5cm 点、0.5cm 点及袖肥点作为前袖山弧线。将后袖山斜线三等分，从第二个三等分点向上 1cm 找一点；从第一个三等分点向斜线上方作垂线并在垂线上取 2cm 找一点；连接袖山高点、2cm 点、1cm 点以及袖肥点作为后袖山弧线。*注：后袖底弧线与后袖窿底弧线基本保持重合，前袖底弧线与前袖窿底弧线重合量在 2cm 以内。*

8. 前后袖肥中线及袖山高中线：过前袖肥中点作垂线为前袖肥中线；过后袖肥中点作垂线为后袖肥中线；过袖山高中点作水平线为袖山高中线，前后袖窿弧线之间的距离为●。

9. 前袖偏量：从前袖肥中线与袖肥线的交点向上量取 ●/4 得到一点，从前袖肥中线与袖长线的交点向右量 1cm 得到一点，连接两点为前袖偏量线。

10. 前袖弯量：从前袖偏量线与袖肘线的交点向左 1cm 得到一点，从前袖偏量线与袖长线的交点向右 1.5cm 得到一点，上述两点与 ●/4 点连弧线为前袖弯量，同时也是前袖缝中线。

11. 袖口线：过袖长线与袖中线的交点作前袖缝中线的垂线为袖口线。

12. 后袖缝中线：在袖口线上量取袖口围 /2 得一点，从后袖肥中线与袖肘线的交点向右 1.5cm 得到一点，后袖肥中线与袖山高中线的交点、1.5cm 及袖口线端点连弧线为后袖缝中线。

13. 前借袖：在前袖缝中线两侧 3cm 处分别作平行线为大小袖前袖缝。大袖前袖缝与袖山弧线的交点到袖肥线的高度为□，在小袖前袖缝上取相同高度□并修顺袖底弧线。

14. 后借袖：后袖缝中线与袖山高中线的交点到后袖山弧线的距离为○，在交点右侧量取 ○+0.5cm 得到一点；在后袖缝中线两侧，在袖肘线上各取 1.7cm；在袖口线上各取 1cm；分别连接上述各点并修顺弧线为大小袖后袖缝。

15. 后袖底弧线：过 ○+0.5cm 点作后袖窿底弧线的切线。

16. 对位记号：在前袖缝上，从顶端向下取 5cm 做对位记号，从袖口向上取 12cm 做对位记号，中间部分大袖缝需拔开；从顶端向下对齐大小袖后袖缝，从袖肘线向上取 5cm 做对位记号，从袖口向上取 12cm 做对位记号，中间部分大袖缝需缩缝。

17. 袖山吃量：前后袖山总吃量为 2.5cm，前后分配比例为前 40%，后 60%。

18. 检查线条：将大小袖分开，检查袖山弧线和袖口处是否圆顺。

将大小袖后袖缝在袖山位置拼在一起，检查后袖山弧线是否圆顺（图 11-9）。

将大小袖前袖缝在袖山位置拼在一起，检查前袖山弧线是否圆顺（图 11-10）。

将大小袖后袖缝在袖口位置拼在一起，检查袖口弧线是否圆顺（图 11-11）。

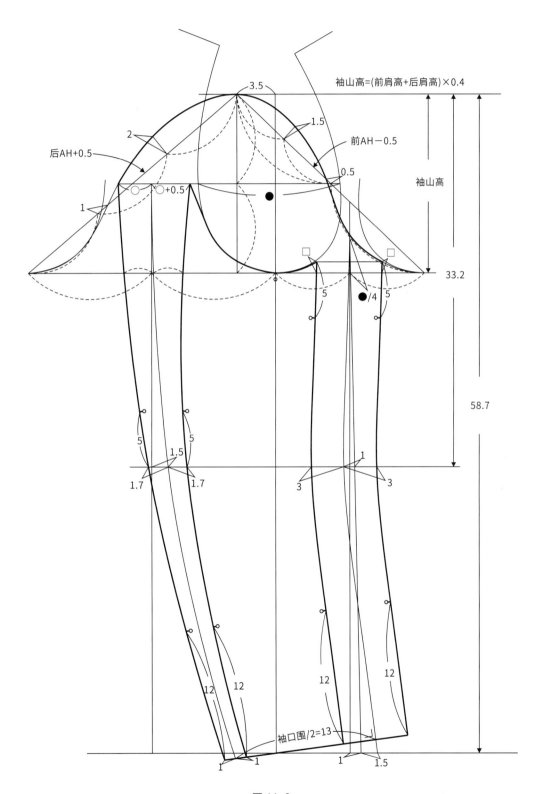

图 11-8

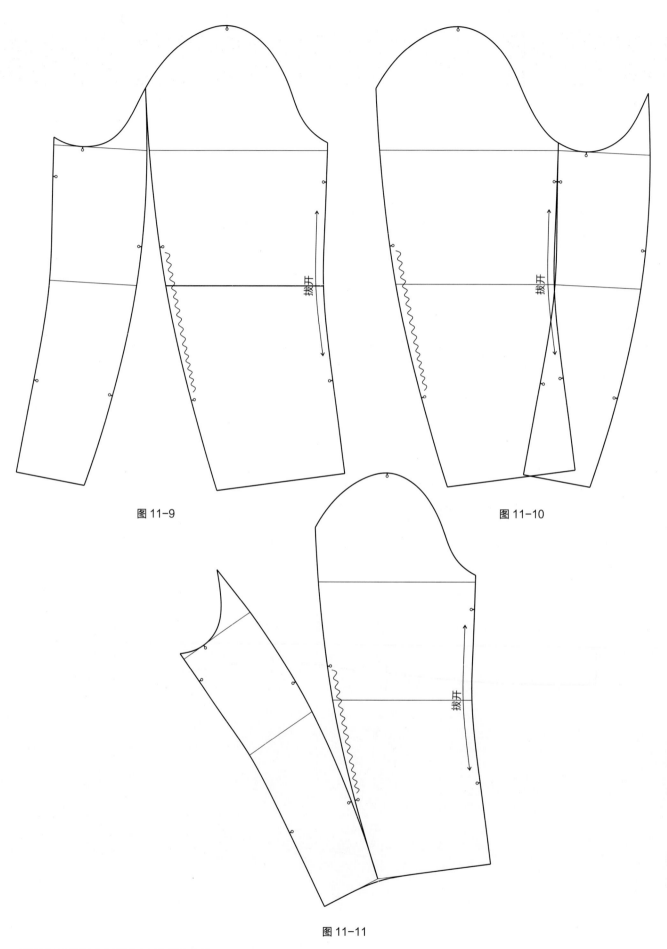

图 11-9

图 11-10

图 11-11

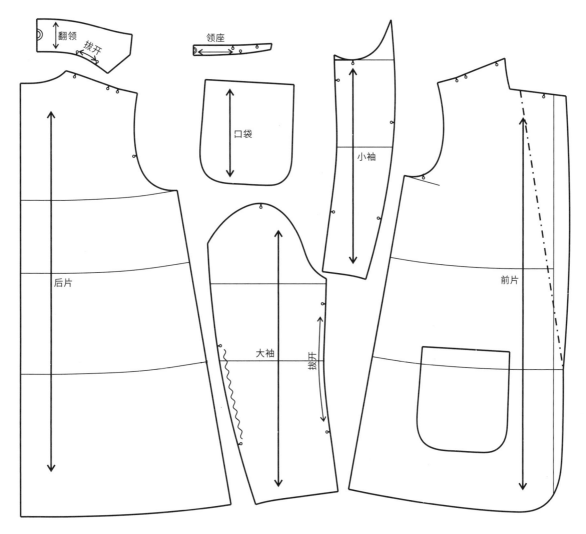

图 11-12

将所有裁片上的过程线删除,保留一些关键的线条,
检查每片的对位记号确保完整,然后作布纹线并备注裁
片名称。这里的裁片都为净版(图11-12)。

12 连衣裙

（一）款式图（图12-1）

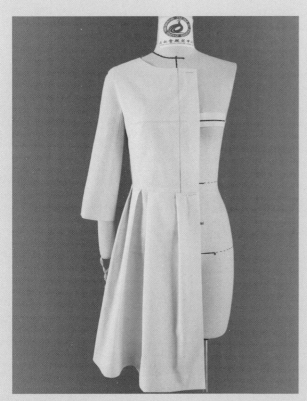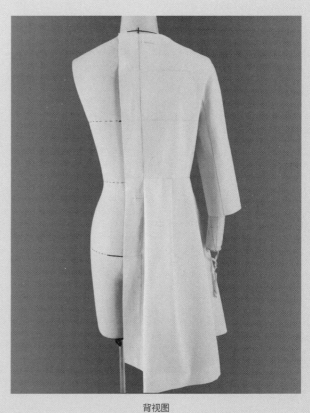

正视图　　　　　　　　　　　　　　　　　背视图

图12-1

（二）样板规格（表12-1）

表12-1 样板规格表（单位：cm）

裙长	胸围	肩宽	腰围	袖长	袖口围	摆围
95	92	39	76	43	32	150～160

学习重点

1. 连身袖的结构制图。
2. 腰拼线的处理。
3. 衣身的省道转移。

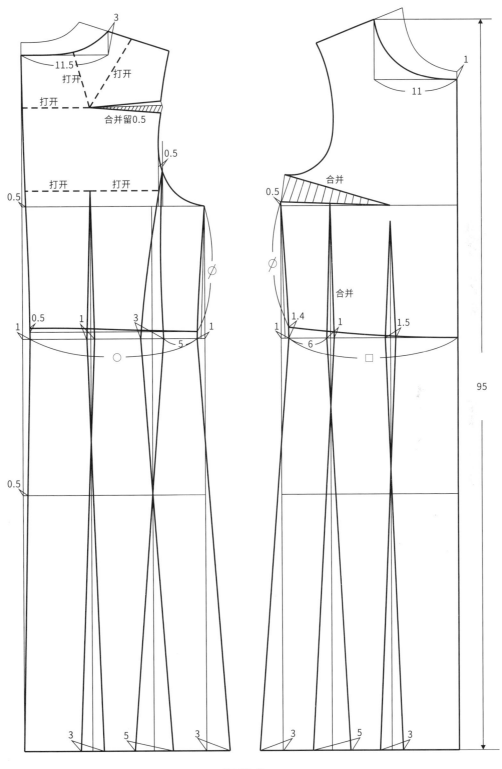

图 12-2

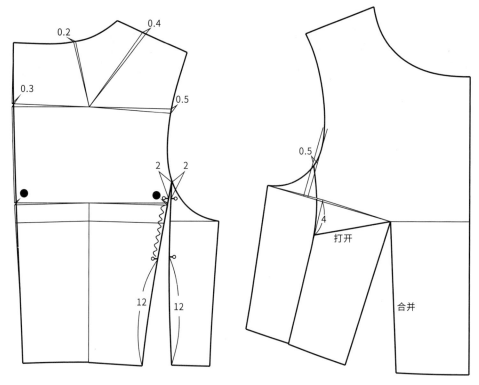

图 12-3

（步骤 1 ～ 13 见图 12-2）

1. 臀围线：以女装平面通用原型为基础，从腰围线向下 20cm 画水平线作为臀围线。

2. 衣长线：根据样板规格尺寸确定衣长线。

3. 侧缝：胸围和原型一致，过胸下点作垂直线即可。

4. 前后领口：后领宽 11.5cm，领深 3cm；前领宽 11cm，领深在原型基础上下落 1cm，画顺前后领口弧线。

5. 前后腰围：后腰围 =W/4-1cm=18cm；前腰围 =W/4+1cm=20cm。

6. 后背缝：从后中线向右，胸围线处收 0.5cm，腰围线处收 1cm，臀围线处收 0.5cm，连接后领中心点和上述各点，并从腰围经臀围到下摆处连直线。

7. 后片侧缝线：腰围处向里收 1cm，下摆处向外出 3cm（3 ～ 4cm），连接胸下点和上述两点。

8. 后中腰省及分割线：后中腰省的位置同原型，省量为 1cm，下摆处打开 3cm（3 ～ 4cm），将各点连直线。

9. 后侧分割线：后背缝与侧缝在腰围处的距离为○，后侧腰省位为侧缝线向里 5cm，省量为○ -18cm（后腰围）-1cm（后中省量）=3cm，下摆展开量为 5cm（5 ～ 6cm），垂直于胸围线作袖窿弧线的切线，再向右 0.5cm 画平行线，确保后侧分割线与袖窿弧线的交点位于两条平行线之间，从交点到腰围处连弧线，腰围到下摆处连直线。

10. 前片侧缝线：胸下点起翘 0.5cm，腰围处向里收 1cm，下摆处向外出 3cm（3 ～ 4cm），弧线连接。

11. 前中腰省及分割线：前中腰省的位置及省量同原型，下摆处展开量为 3cm（3 ～ 4cm），直线连接。

12. 前侧腰省及分割线：前中线与侧缝在腰围处的距

离为□，前片侧缝线到前侧腰省的腰围线长度为 6cm，省量为□ -20cm（前腰围）-1.5cm（前中省量）=1cm，下摆打开 5cm（5 ～ 6cm），上述点连直线。

13. 腰拼线：在前片侧缝线上，从腰围线向上量取 1.4cm，弧线修顺至前中为前腰拼线；量取腋下点到 1.4cm 点的侧缝线长度∅，并在后片侧缝线上取相同长度 ∅，然后过该点在后片作水平线，与后中线相交并向上量取 0.5cm，0.5cm 点到侧缝处连弧线为后腰拼线。

（步骤 14 ～ 18 见图 12-3）

14. 后肩省的转移：合并后肩省留 0.5cm 的量，剩余量转移到后背 0.3cm（0.3 ～ 0.4cm）、领口 0.2cm（0.2 ～ 0.3cm）以及肩缝 0.4cm。

15. 后中腰省的转移：过后中腰省省尖点向后中线和后侧腰省作垂线，沿两条垂线剪开，将后中腰省的省量平均分配到两条剪开线中。

16. 后片对位记号：在分割线上，从腰围线向上 12cm（10 ～ 12cm）做对位记号，从袖窿弧线向下 2cm（1 ～ 2cm）做对位记号，对位记号之间的后片分割线需要缩缝。

17. 前侧分割线：合并前侧腰省转移到胸省，合并量不可超过 1.5cm，然后合并胸省转移到前中腰省处。垂直于胸围线作袖窿弧线的切线，再向左 0.5cm 画平行线，确保前侧分割线与袖窿弧线的交点在两条平行线之间，从袖窿弧线交点到腰围处连弧线。

18. 胸省位置：在前侧分割线上，从胸围线向下量取 4cm 为胸省的位置。

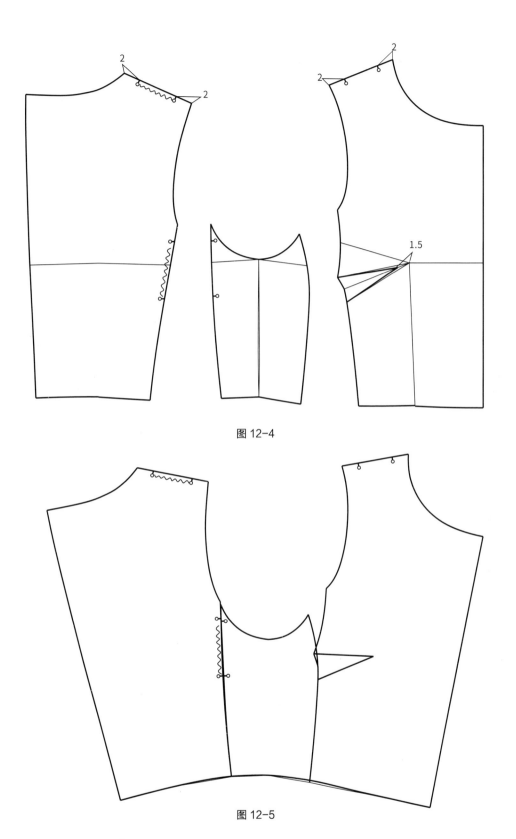

图 12-4

图 12-5

（步骤 19 ~ 21 见图 12-4）

19. 胸省：合并前中腰省转移到胸省处，从 BP 点
向外在省中线上量取 1.5cm 为新的省尖点，然后连接新
的省线。

20. 肩缝对位记号：从颈侧点和肩点分别向里 2cm
做对位记号，记号中间部分的后片肩缝需要缩缝。

21. 侧上片：将前上侧片和后上侧片拼在一起为侧上
片。侧上片的宽度按款式要求而定，一般在 11 ~ 12cm
之间，这个宽度是在腰围处量取的。

22. 修顺腰线：将前上片、侧上片和后上片拼在一
起并修顺腰线。修腰线时应向内去量修顺，不能向外补
量（图 12-5）。

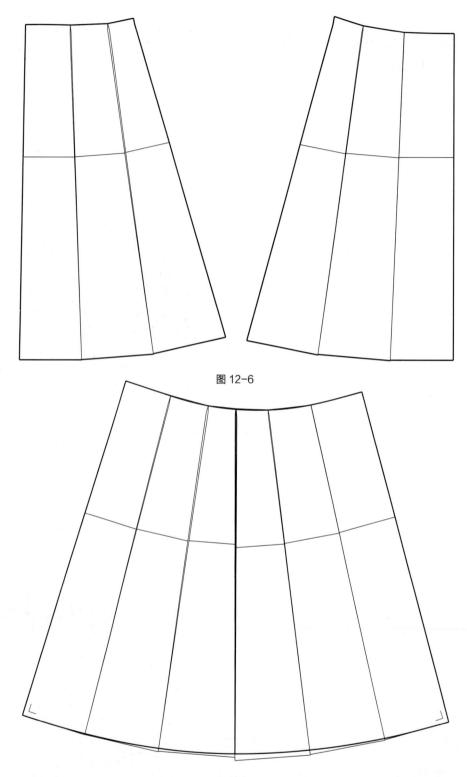

图 12-6

图 12-7

　　23. 下片腰省合并：分别将前下片和后下片的腰省
合并，并将下摆处交叉的量打开（图 12-6）。

　　24. 修顺下片腰线及下摆：从腰拼线开始将前下片
和后下片的侧缝拼在一起并修顺腰拼线。修腰线时同样
只可向内去量，不可往外补量。然后修顺下摆弧线，保
证前中、后中处为直角（图 12-7）。

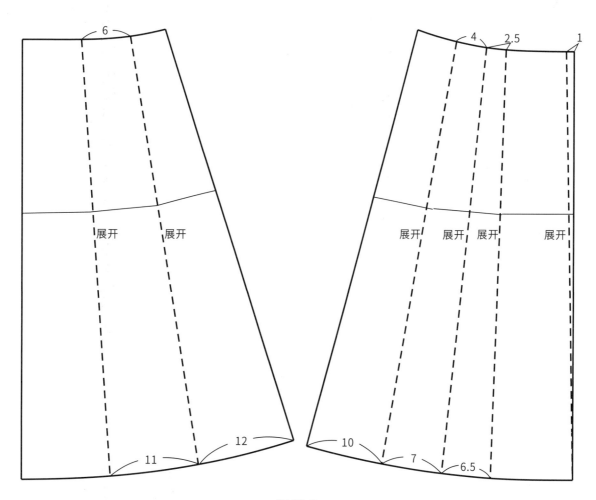

图 12-8

（步骤25、26见图12-8）

25. 后下片展开位的确定：在腰拼处，侧缝到第一条展开线的距离要确保与上片后侧分割线的位置对齐；在下摆处，侧缝到第一条展开线的距离为12cm。在腰拼处，第二条展开线到第一条展开线的距离为6cm；在下摆处，第二条展开线到第一条展开线的距离为11cm。以上数据根据款式图来确定。

26. 前下片展开位的确定：在腰拼处，侧缝到第一条展开线的距离要确保与上片前侧分割线的位置对齐；在下摆处，侧缝到第一条展开线的距离为10cm。在腰拼处，第二条展开线到第一条展开线的距离为4cm；在下摆处，第二条展开线到第一条展开线的距离为7cm。在腰拼处，第三条展开线到第二条展开线的距离为2.5cm；在下摆处，第三条展开线到第二条展开线的距离为6.5cm。在腰拼处，第四条展开线到前中线的距离为1cm；在下摆处，第四条展开线截止于前中位置。

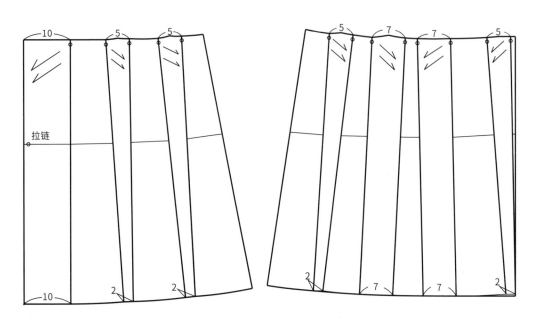

图 12-9

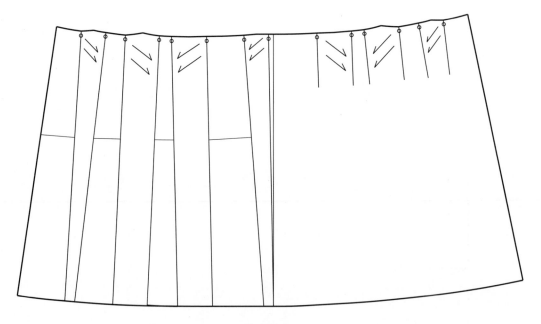

图 12-10

（步骤27、28见图12-9）

27. 后下片展开量：后中褶平行展开10cm；另外两个褶在腰拼处展开5cm，下摆处展开2cm。修顺腰围线时需要将褶合并修，修顺下摆线时需要将褶打开修。

28. 前下片展开量：前中褶在腰拼处展开5cm，下摆处展开2cm；中间两个褶平行展开7cm；侧边褶在腰拼处展开5cm，下摆处展开2cm。修顺腰围线时需要将褶合并修，修顺下摆线时需要将褶打开修。

29. 前下片：将前中褶暂时合并，以前中线为对称轴将前右片的部分复制到前左片；然后将前中褶打开，前片形成一整片，并修顺下摆弧线（图12-10）。

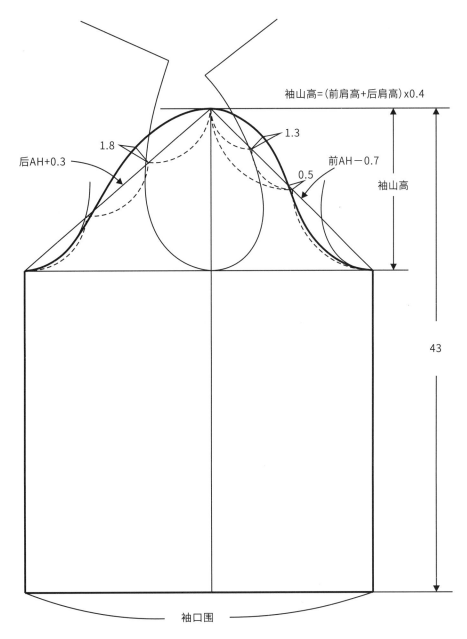

袖山高＝（前肩高+后肩高）x0.4

1.8

1.3

后AH+0.3

0.5

前AH－0.7

袖山高

43

袖口围

图 12-11

（步骤 1 ～ 6 见图 12-11）

1. 基本框架：作水平线和垂直线相交成十字，复制衣身前后袖窿于垂直线左右两侧，并测量出对应的前 AH、后 AH、前肩高和后肩高。*注：复制袖窿时需保证胸围线与水平线平齐。*

2. 袖山高：袖山高 =（前肩高 + 后肩高）× 0.4。

3. 袖长：从袖山高点垂直向下取 43cm 作袖长线。

4. 前后袖山斜线：过袖山高点作前袖山斜线 = 前 AH-0.7cm，后袖山斜线 = 后 AH+0.3cm。完成后，袖肥尺寸应在 32 ～ 33cm 之间。如果不在此区间内，需检查前后袖窿弧线的长度量取是否正确。

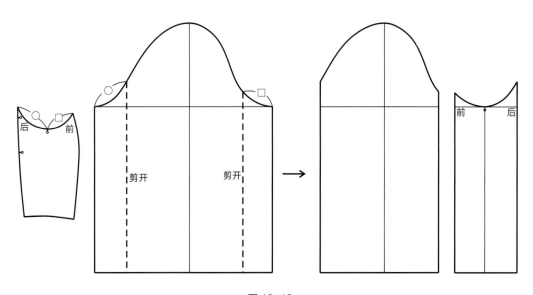

图 12-12

5. 前后袖山弧线：以前后袖山斜线与水平线的交点为基点复制衣身前后袖隆底。将前袖山斜线等分，从等分点向上 0.5cm 找一点；将等分点上方的斜线再次等分，从这次的等分点向斜线上方作垂线并在垂线上取 1.3cm 找一点；连接袖山高点、1.3cm 点、0.5cm 点及袖肥点作为前袖山弧线。将后袖山斜线三等分，从第二个三等分点向上 1cm 找一点；从第一个三等分点向斜线上方作垂线并在垂线上取 1.8cm 找一点；连接袖山高点、1.8cm 点、1cm 点以及袖肥点作为后袖山弧线。注：后袖底弧线与后袖隆底弧线基本保持重合，前袖底弧线与前袖隆底弧线重合量在 2cm 以内。

6. 袖口线：按照样板规格尺寸作袖口线。

7. 袖底插片：量取大身侧上片前后袖隆底的弧线长，并在袖底弧线上量取相同的长度得到两点，然后过这两点向下作袖口线的垂线。沿垂线剪开，将两个小裁片的袖侧缝拼在一起为袖底插片（图 12-12）。

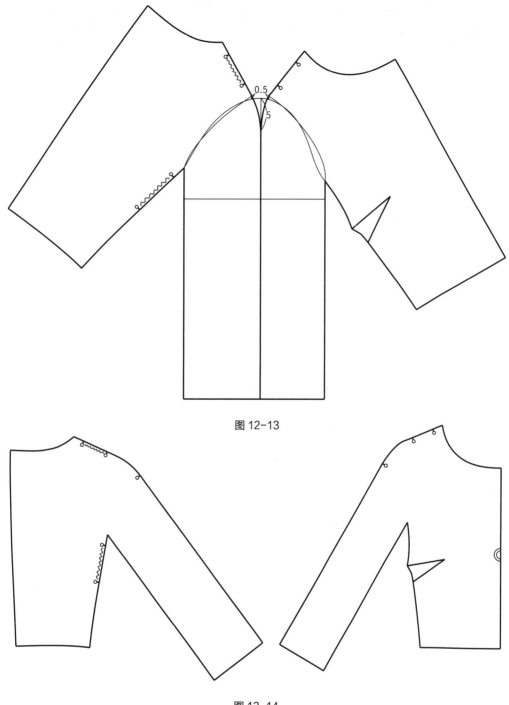

图 12-13

图 12-14

（步骤8、9见图12-13）

8. 将大身前后片分割线端点分别对齐大袖片前后分割线端点，然后旋转裁片，保证前后片肩点到袖山弧线的垂直距离都不超过0.5cm，前后片肩点之间的距离不大于袖山吃量。

9. 肩缝省：在大袖片袖中线上，从袖山高点向下量取5cm得到一点，然后弧线连接前后肩缝。如果对合后，前后肩点到袖中线的距离相差太大，则要先调整袖中线，保证前后肩点到袖中线的距离等长，再修顺线条。

10. 分片：沿袖中线剪开，将前后片分离（图12-14）。

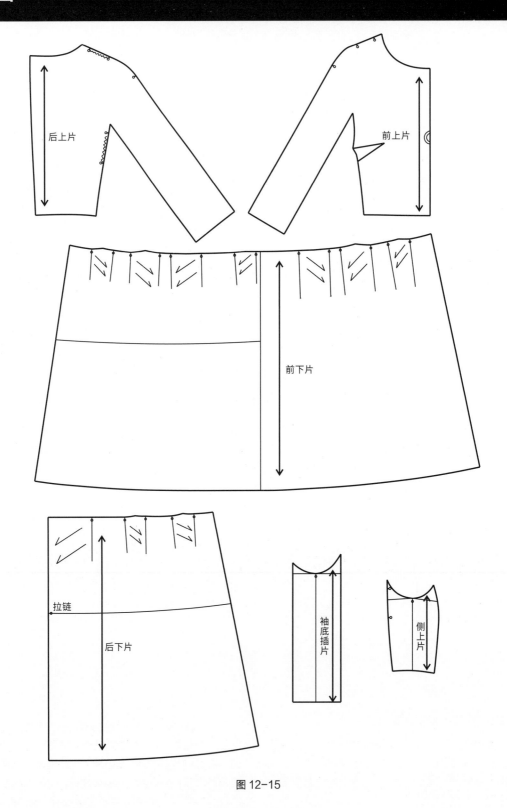

图 12-15

　　将所有裁片上的过程线删除，保留一些关键的线条，
检查每片的对位记号确保完整，然后作布纹线并备注裁
片名称。这里的裁片都为净版（图 12-15）。

13 旗袍

（一）款式图（图 13-1）

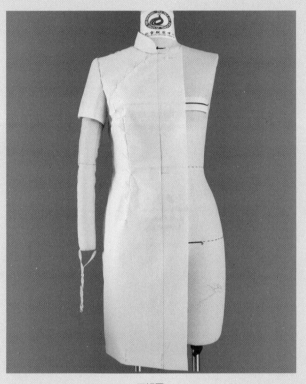

正视图

图 13-1

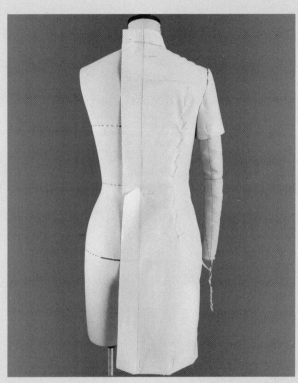

背视图

（二）样板规格（表 13-1）

表 13-1 样板规格表（单位：cm）

衣长	胸围	肩宽	腰围	臀围	袖长	摆围
90	90	38	74	96	19	94

学习重点

1. 短袖的结构制图方法。
2. 短袖变形袖的几种制作方法。
3. 立领结构制图。

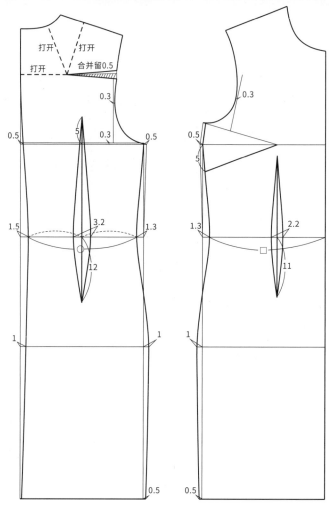

图 13-2

（步骤 1 ~ 12 见图 13-2）

1. 臀围线：以女装平面通用原型为基础，从腰围线向下 20cm 画水平线作为臀围线。

2. 衣长线：根据样板规格尺寸确定衣长线。

3. 前后领口：前后领口同原型。

4. 胸围：该款式比原型胸围小 2cm，所以前后片胸围分别减小 0.5cm，胸省也对应向里平移 0.5cm。

5. 胸/背宽：在原型基础上，胸围每减小 1cm，胸/背宽减小 0.6cm。按此比例来算，胸/背宽减小 0.3cm。

6. 袖窿深：在原型基础上，胸围每减小 1cm，袖窿深减小 0.5cm。按此比例来算，腋下点需上抬 0.25cm，四舍五入为 0.3cm，得到新的腋下点。

7. 前后腰围：前腰围 =W/4+1cm=19.5cm，后腰围 =W/4-1cm=17.5cm。

8. 后背缝：从后中线向右，胸围线处收 0.5cm，腰围线处收 1.5cm，臀围线处收 1cm，然后后领中心点到

腰围线处弧线连接，腰围到臀围处直线连接。

9. 后侧缝线：腰围处侧缝向里收 1.3cm，臀围处侧缝向外出 1cm，下摆处侧缝向外出 0.5cm，连接新腋下点及以上各点，修顺弧线。

10. 后片省：后背缝与侧缝在腰围处的距离为○，将这段距离平分，过中点作垂直线并从中点向两侧定省位，省量为○ -17.5cm（后腰围）=3.2cm，腰围线以上省长到胸围线上 5cm（4 ~ 5cm）为止，腰围线以下省长为 12cm。

11. 前侧缝线：腰围处侧缝向里收 1.3cm，臀围处侧缝向外出 1cm，下摆处侧缝向外出 0.5cm，连接新腋下点及以上各点，修顺弧线。

12. 前片省：前中线与侧缝在腰围处的距离为□，省位同原型前中腰省，省量为□ -19.5cm（前腰围）=2.2cm，腰围线以下省长为 11cm。从腋下点向下 5cm 找一点并与 BP 点连接，为腋下省位。

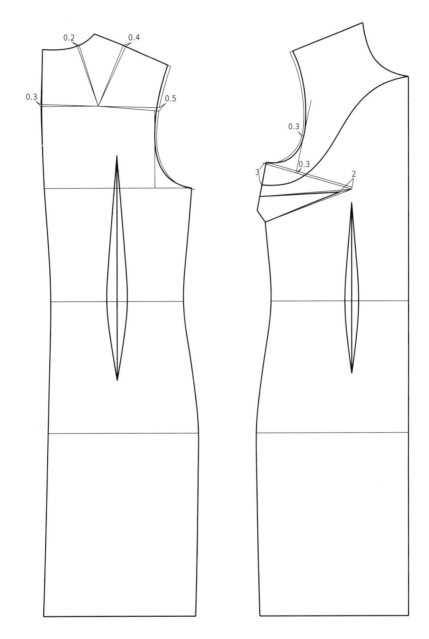

图 13-3

（步骤 13 ~ 15 见图 13-3）

13. 后肩省的转移：合并肩省留 0.5cm 的量，剩余量转移到后背 0.3cm、领口 0.2cm 以及肩缝 0.4cm，连接新的肩点、背宽点及腋下点并修顺袖窿弧线。

14. 前胸省的处理：合并原型前胸省将量转移到腋下省的位置，重新连接省线，省尖点到 BP 点的距离为

2cm。转完胸省后，前袖窿平行下落 0.3cm，然后连接新的肩点、胸宽点及腋下点并修顺袖窿弧线。

15. 前斜襟：从腋下点向下 3cm（3 ~ 4cm）在侧缝上找一点，该点到前领深点连弧线，使弧线与款式造型相符且美观顺畅。

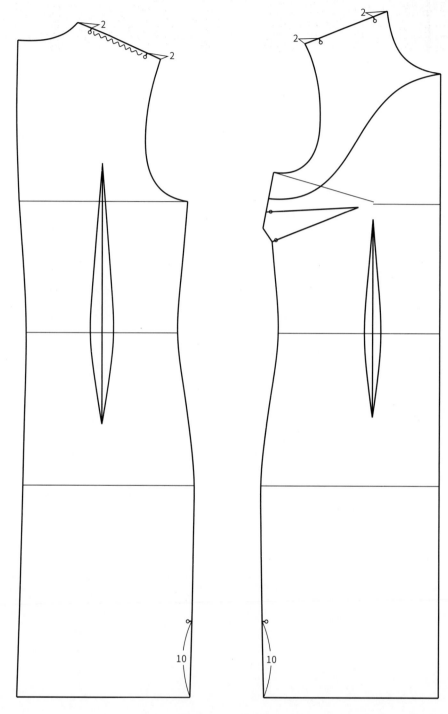

图 13-4

16. 对位点：在前后片侧缝线上，从下摆向上 10cm
做对位记号为开衩点（图 13-4）。

领子制图步骤

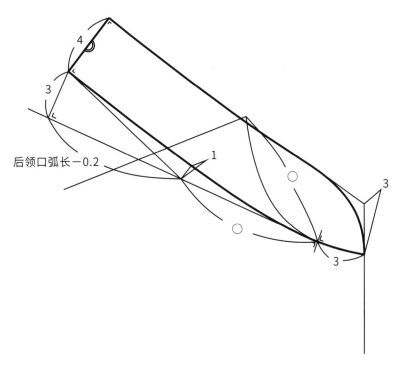

后领口弧长-0.2

图 13-5

（步骤1～4见图13-5）

1. 复制衣身前片领口部分。

2. 从前中线与领口弧线的交点向左，在前领口弧线上取3cm找一点，过该点作领口弧线的垂线，再垂直于这条垂线作领口弧线的切线。

3. 从切点到前颈侧点的领口弧线长度为○，在切线上取○相同长度找一点；量取后领口弧线的长度，再在切线上取后领口弧长-0.2cm得到一点；过该点向切线

上方作垂线，在垂线上取3cm找一点为后领中心点（这个量会影响后领的贴合程度，数值越大，后领越贴合脖子）。连接后领中心点和切线上前后领口弧线长度的分界点，从分界点向切线上方取1cm找一点。连接后领中心点、1cm点及切点并画顺领下口弧线。

4. 从后领中心点向领座下口弧线上方作垂线，并在垂线上取4cm长为后领座高。从前领深点向上延伸3cm为领座前端高度，然后画顺领座上口弧线。

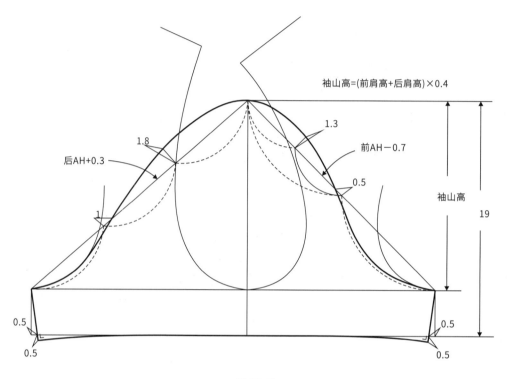

袖山高=(前肩高+后肩高)×0.4

后AH+0.3

1.8

前AH－0.7

1.3

0.5

袖山高

19

1

0.5

0.5

0.5

0.5

图 13-6

一、袖子制图步骤

（步骤1～6见图13-6）

1. 基本框架：作水平线和垂直线相交成十字，复制衣身前后袖窿于垂直线左右两侧，并测量出对应的前AH、后AH、前肩高和后肩高。*注：复制袖窿时需保证胸围线与水平线平齐。*

2. 袖山高：袖山高＝（前肩高＋后肩高）×0.4.

3. 袖长：从袖山高点垂直向下按照袖长规格尺寸作袖长线。

4. 前后袖山斜线：过袖山高点作前袖山斜线＝前AH-0.7cm，后袖山斜线＝后AH+0.3cm。

5. 前后袖山弧线：以前后袖山斜线与水平线的交点为基点复制衣身前后袖窿底，两交点之间的距离为袖肥

尺寸。将前袖山斜线等分，从等分点向上0.5cm找一点；将等分点上方的斜线再次等分，从这次的等分点向斜线上方作垂线并在垂线上取1.3cm找一点；连接袖山高点、1.3cm点、0.5cm点及袖肥点作为前袖山弧线。将后袖山斜线三等分，从第二个三等分点向上1cm找一点；从第一个三等分点向斜线上方作垂线并在垂线上取1.8cm找一点；连接袖山高点、1.8cm点、1cm点以及袖肥点作为后袖山弧线。*注：后袖底弧线与后袖窿底弧线基本保持重合，前袖底弧线与前袖窿底弧线重合量在2cm以内。*

6. 袖口：从前后袖肥点向下作垂直线并与袖长线相交，从交点分别向里收0.5cm，连接袖口弧线，保证袖口处为直角。

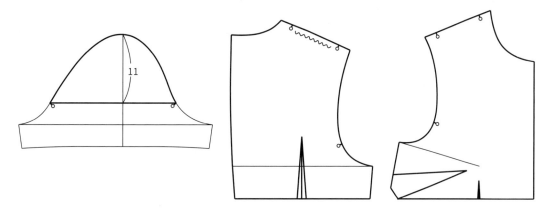

图 13-7

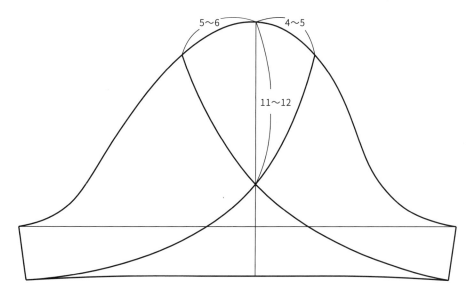

图 13-8

二、袖型的变化

各种袖型基本上都是在基础袖上演变而来。

1. 帽袖

从袖山高点垂直向下 11cm 得一点，过该点作水平线并与袖山弧线相交。测量袖肥点到交点的袖山弧线长度，在大身袖窿弧线上从腋下点向上取相同长度做对位记号（图 13-7）。

2. 郁金香袖

在袖山高垂直线上，从袖山高点向下 11 ~ 12cm 得一点。从袖山高点沿后袖山弧线向下 5 ~ 6cm 找一点，然后经袖山高垂直线上的点与前袖口连弧线；从袖山高点沿前袖山弧线向下 4 ~ 5cm 找一点，然后经袖山高垂直线上的点与后袖口连弧线（图 13-8）。

注：袖山高垂直线上点的选取要根据款式来定。

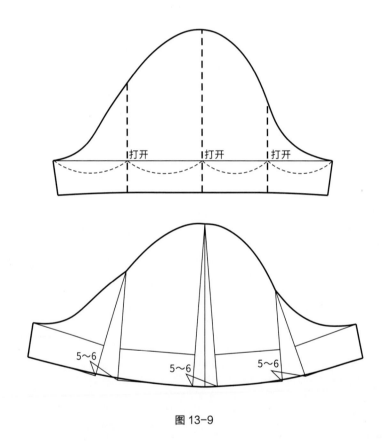

图 13-9

3. 荷叶袖：

  分别取前后袖肥的中点，并过中点作垂线。沿垂线剪
开，展开量为 5 ～ 6cm，画顺袖口弧线（图 13-9）。

  具体展开量根据款式效果和面料特性而定。

分片图

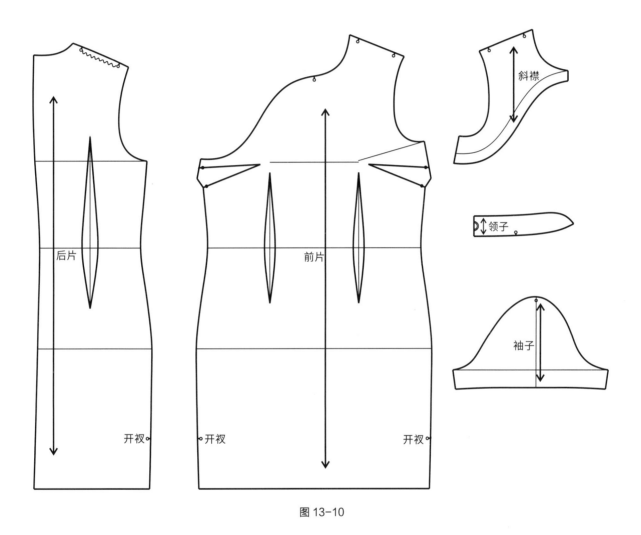

斜襟

领子

后片

前片

袖子

开衩

开衩

开衩

图 13-10

　　将所有裁片上的过程线删除，保留一些关键的线条，
检查每片的对位记号确保完整，然后作布纹线并备注裁
片名称。这里的裁片都为净版（图 13-10）。

14 前连袖后落肩翻领大衣

（一）款式图（图 14-1）

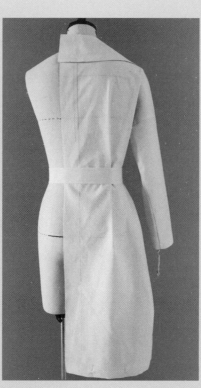

正视图　　　　　　　　　　　背视图　　　　　　　　　　　侧视图

图 14-1

（二）样板规格（表 14-1）

表 14-1 样板规格表（单位：cm）

衣长	胸围	肩宽	袖长	袖口围	总领宽	领座 a	领面 b
100	118	40	58	28	14	3.5	10.5

学习重点

1. 连袖的制图方法。
2. 落肩的制图方法。

衣身制图步骤

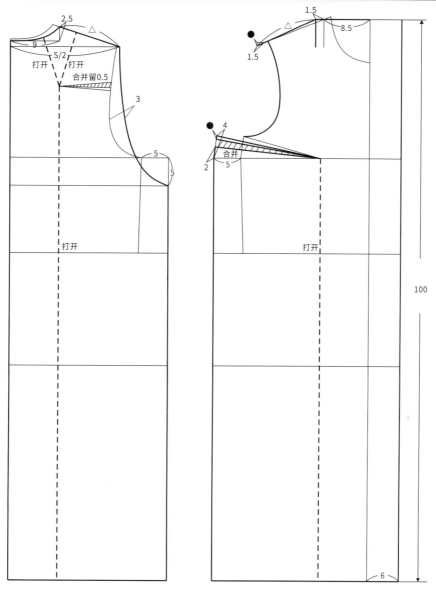

图 14-2

（步骤1～11见14-2）

1. 臀围线：以女装平面通用原型为基础，从腰围线向下20cm画水平线作为臀围线。

2. 前后领口：后领宽9cm，领深2.5cm，画顺后领口弧线；前领宽8.5cm，画垂直线为前领宽线。

3. 侧缝：以原型为基础向外扩5cm。

4. 搭门线：在前中线右侧6cm处画平行线。

5. 衣长：从新的颈侧点向下量取衣长100cm。

6. 胸/背宽：在原型基础上，胸围每增加1cm，胸/背宽增加0.6cm。按此比例来算，胸/背宽需增加3cm。

7. 前胸省：省线延长，重新量取省量为4cm，连接新省线。

8. 后肩宽：从后中线向右量取S/2画水平线，与肩线延长线相交于新的后肩点，量取新的后肩长为△。

9. 前肩宽及撇胸量：延长前肩线并取新的后肩长△找到一点，颈侧点向左1.5cm为撇胸量，连接该点与肩线延长线端点并延长1.5cm，得到新的肩点。新肩点与延长线端点之间的落差量为●，在胸省处下落相同的量。

10. 袖窿深：在原型基础上，胸围每增加1cm，袖窿深增加0.5cm。按此比例来算，腋下点需下降2.5cm；由于是连袖款式，袖窿深还需增加2.5cm，所以总下降量为5cm。连接肩点、背宽点及腋下点并修顺袖窿弧线。

11. 前片起翘：腋下点起翘2cm，连接BP点为新的胸围线。

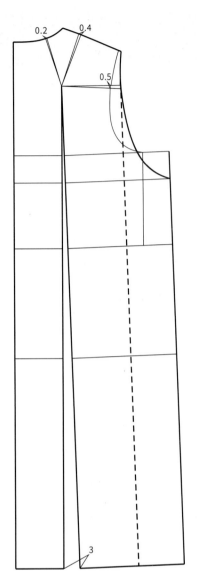
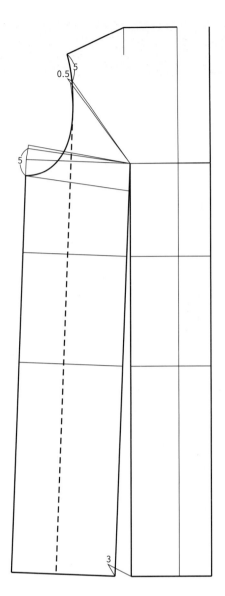

图 14-3

（步骤 12 ~ 14 见图 14-3、图 14-4）

12. 后片省的处理：合并肩省留 0.5cm 的量，将剩余量转移到下摆 3cm（3 ~ 4cm）、领口 0.2cm 以及肩缝 0.4cm 并修顺袖窿线。垂直于胸围线作袖窿弧线的切线，沿切线展开，展开量为 4cm（4 ~ 5cm）。修顺袖窿弧线。

13. 前片省的处理：合并胸省转移到下摆处，下摆处展开量为 3cm（3 ~ 4cm），剩余量暂时转移到前中胸围线处。袖窿深从胸围线处平行下落 5cm 得到新的腋下点。连接肩点、胸宽点以及腋下点并修顺袖窿弧线。从肩点向下，在袖窿弧线上量取 5cm 得一点，连接该点和 BP 点，并将前中省转移到这里一部分，打开的量不超过 0.5cm，并修顺袖窿弧线。垂直于胸围线作袖窿弧线的切线，沿切线展开，展开量为 4cm（4 ~ 5cm）。修顺袖窿弧线。

14. 侧缝：前后片侧缝在下摆的位置都向外扩 1cm，连接腋下点和 1cm 点。

（步骤 15 ~ 16 见图 14-5）

15. 修顺下摆线：将前后片侧缝对齐腋下点拼在一起并修顺下摆线，保证前中后处为直角。

16. 肩缝对位记号：分别从肩点向里 2cm、颈侧点向里 2cm 做对位记号，记号中间部分的后片肩缝需要缩缝。

17. 前口袋：从前中线向左 14cm 画平行线与腰围线相交，从交点向下量取 5cm 为口袋前端定位点；从定位点向下量 15cm 为口袋高，再向左量取 3.5cm 找一点为口袋另一端点；连接 5cm 点和 3.5cm 点，从连线向左 3.5cm 画平行线并与端点连接（图 14-6）（口袋位置以及袋盖大小根据款式要求而定）。

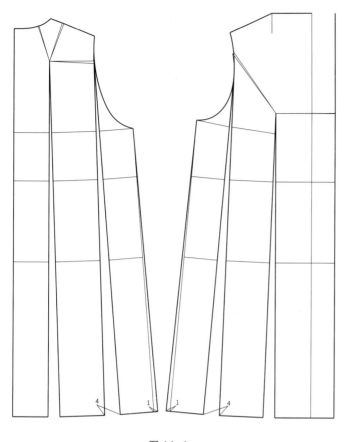

图 14-4

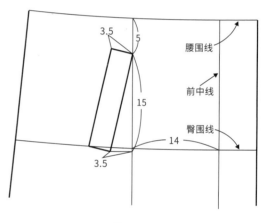

图 14-6

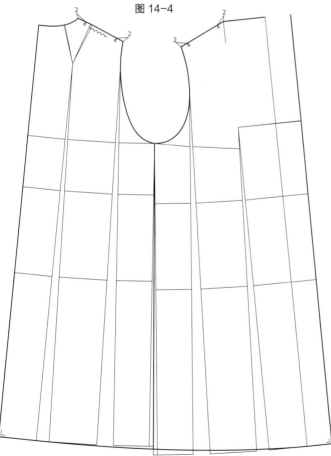

图 14-5

领子制图步骤

一、领子的基本参数

总领宽：14cm
领座 a：3.5cm
领面 b：10.5cm
倒伏量：1.5(b-a)

二、领子的基本制图步骤

（步骤 1 ~ 7 见图 14-7a）

1. 翻折线：从新颈侧点向右平移 0.7a 得到一点，连接该点至腰围线与搭门线的交点并向上作延长线。

2. 倒伏量：从翻折线向左 0.9a 画平行线，与肩线相交于 A 点。从 A 点向上，在平行线上量取总领宽 14cm 得到一点，过该点向左侧作垂线，垂线长为 1.5(b-a)，连接 A 点与垂线尾端并向上延长，在这条延长线上量取后领口弧长 -0.2cm 得到 B 点。过 B 点向右作垂线，垂线长为总领宽 14cm，得到 C 点。

3. 串口线：在前领宽线上量取 9cm，从前中线向下量取 10cm，连接两点画一条斜线为串口线，在翻折线右侧作垂线并与串口线相交，在垂线上取驳头宽为 13.5cm，驳头宽点与翻折点连直线。

4. 领嘴：从串口线驳头宽点向里量取 9.5cm 为绱领点，领嘴开口为 2.5cm（2 ~ 3cm），领头长为 9cm，得到 D 点。

5. 领外口弧线：连接 C 点、D 点作弧线，并保证 C 点处为直角。

6. 驳头线：串口线驳头宽点与翻折点连弧线，弧度深为 0.5cm。

7. 领口线：从翻折线与串口线的交点向左量取 2.5cm 得一点，颈侧点与该点连弧线为大身领口弧线；然后修顺领下口弧线并与大身领口弧线相切。

三、分小领

（步骤 1 ~ 5 见图 14-7b）

1. 在后中线上量取 2.5cm 得一点，从领下口弧线前端点向里量取 3.5cm 得一点，画弧线连接两点并保证颈侧点与弧线之间的距离不小于 2.2cm。

2. 从后中线向右依次间隔 3cm 作平行线，其中应有一条线经过颈侧点。如果没有一条线经过颈侧点，可微调一下距离。

3. 先沿弧线剪开小领，再沿每条平行线依次剪开并合并，合并量分别为 0.1cm（0.1 ~ 0.2cm）、0.1cm（0.1 ~ 0.2cm）、0.3cm（0.3 ~ 0.4cm）和 0.2cm（0.2 ~ 0.3cm）。因为领宽较大弧线较长，按照原先的合并量不能保证领座起翘量在 1 ~ 1.5cm 之间，所以需要在弧度偏大的地方继续合并，直到起翘量在 1 ~ 1.5cm 之间（如图所示，新增加的剪开位置及合并量为经验值，具体根据不同面料特性而定），合并后修顺弧线。

4. 将上领沿每条平行线依次剪开并合并，每处合并量都比小领大 0.1cm，由于领座合并量增加，所以翻领对应的合并量也需要增加，分别为 0.4cm、0.4cm、0.5cm 和 0.4cm，合并后修顺弧线。

5. 对位记号：从前端向左量取 3cm 做对位记号，从后中向右量取 7cm 做对位记号。这里的 7cm 不是固定值，只要保证两个对位记号间的距离为 4 ~ 5cm 即可。

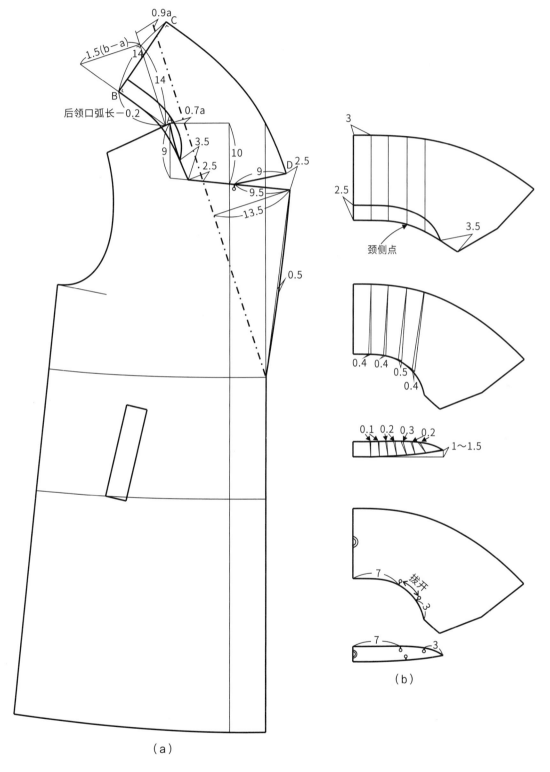

0.9a
C
1.5(b−a)
14
14
B
后领口弧长−0.2
0.7a
9
3.5
10
2.5
9 D 2.5
9.5
13.5
0.5

（a）

3
2.5
3.5
颈侧点

0.4 0.4
0.5
0.4

0.1 0.2 0.3 0.2
1～1.5

7
拔开
3
7
3

（b）

图 14-7

袖子制图步骤

（步骤 1 ~ 17 见图 14-8 ）

1. 基本框架：作水平线和垂直线相交成十字，复制衣身前后袖窿于垂直线左右两侧，并测量出对应的前 AH、后 AH、前肩高和后肩高。*注：复制袖窿时需保证胸围线与水平线平齐。*

2. 袖山高：袖山高 =（前肩高 + 后肩高）×0.4-(0.5 ~ 1cm)。

3. 袖长：从袖山高点垂直向下取 58cm 作袖长线。

4. 袖肘线：从袖山高点垂直向下 32.5cm 作袖肘线。

5. 扣势量：袖山高点向后片取 3.5cm 作为扣势量，得到新的袖山高点。

6. 前后袖山斜线：过新袖山高点作前袖山斜线 = 前 AH-0.5cm，后袖山斜线 = 后 AH+0.5cm。完成后，袖肥尺寸应在 41 ~ 42cm 之间。如果不在此区间内，需检查前后袖窿弧线的长度量取是否正确。

7. 前后袖山弧线：以前后袖山斜线与水平线的交点为基点复制衣身前后袖窿底。将前袖山斜线等分，从等分点向上 0.5cm 找一点；将等分点上方的斜线再次等分，从这次的等分点向斜线上方作垂线并在垂线上取 1.5cm 找一点；连接袖山高点、1.5cm 点、0.5cm 点及袖肥点作为前袖山弧线。将后袖山斜线三等分，从第二个三等分点向上 1cm 找一点；从第一个三等分点向斜线上方作垂线并在垂线上取 2cm 找一点；连接袖山高点、2cm 点、1cm 点以及袖肥点作为后袖山弧线。*注：后袖底弧线与后袖窿底弧线基本保持重合，前袖底弧线与前袖窿底弧线重合量在 2cm 以内。*

8. 前后袖肥中线及袖山高中线：过前袖肥中点作垂线为前袖肥中线；过后袖肥中点作垂线为后袖肥中线；过袖山高中点作水平线为袖山高中线，前后袖窿弧线之间的距离为●。

9. 前袖偏量：从前袖肥中线与袖肥线的交点向上量取●/4 得到一点，从前袖肥中线与袖长线的交点向右量 1cm 得到一点，连接两点为前袖偏量线。

10. 前袖弯量：从前袖偏量线与袖肘线的交点向左 1cm 得到一点，从前袖偏量线与袖长线的交点向右 1.5cm 得到一点，上述两点与●/4 点连弧线为前袖弯量，同时也是前袖缝中线。

11. 袖口线：过袖长线与袖中线的交点作前袖缝中线的垂线为袖口线。

12. 后袖缝中线：在袖口线上量取袖口围 /2 得到一点，从后袖肥中线与袖肘线的交点向右 1.5cm 得到一点，后袖肥中线与袖山高中线的交点、1.5cm 及袖口线端点连弧线为后袖缝中线。

13. 前借袖：从袖肥线向上 2.5cm 作水平线与前袖山弧线相交，交点到前袖肥中线的水平距离为前大小袖的借袖量，袖肘处的借袖量与袖肥处相同，袖口处的借袖量为 2cm，分别连接上述各点并修顺弧线为大小袖前袖缝。

14. 后借袖：后袖缝中线与袖山高中线的交点到后袖山弧线的距离为○，在交点右侧量取○ +0.5cm 得到一点；在后袖缝中线两侧，在袖肘线上各取 1.7cm；在袖口线上各取 1cm；分别连接上述各点并修顺弧线为大小袖后袖缝。

15. 后袖底弧线：过○ +0.5cm 点作后袖窿底弧线的切线。

16. 对位记号：将大小袖分开，检查袖山弧线和袖口处是否圆顺。在前袖缝上，从顶端向下取 5cm 做对位记号，从袖口向上取 12cm 做对位记号，中间部分大袖缝需拔开；从顶端向下对齐大小袖后袖缝，从袖肘线向上取 5cm 做对位记号，从袖口向上取 12cm 做对位记号，中间部分大袖缝需缩缝。

17. 袖山吃量：前后袖山总吃量为 2.5cm，前后分配比例为前 40%，后 60%。

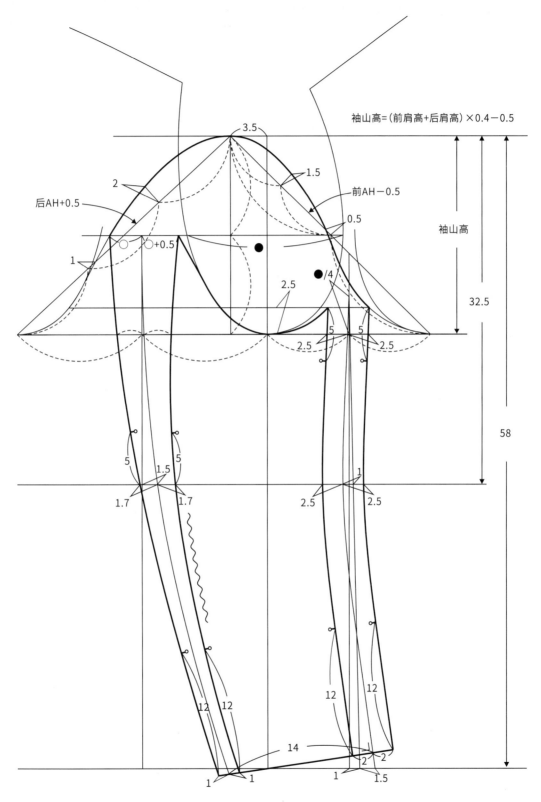

图 14-8

（步骤 18～21 见图 14-9、图 14-10）

18. 袖子与大身对位：复制小袖，然后将大小袖后袖缝拼在一起。量取从腋下点到袖山高中线与袖山弧线交点的袖山弧线长度，并在大身袖窿弧线上取相同长度做对位记号。对齐记号点将大身拼在袖子上，并保证前后片肩点到袖山弧线的垂直距离都不超过 0.5cm。拼完后前后肩点之间的距离应在 2～2.5cm 范围内。一般情况下，后肩点到袖山高点的距离与前肩点到袖山高点的距离比值为 1～1.5，如果不在此范围内，可以微调袖山高点的位置。在大身上，从胸围线向上 2.5cm 画平行线与袖窿弧线相交，然后固定肩点旋转裁片使大身 2.5cm 线与袖子 2.5cm 线相交，从袖山高点向下量取 5cm（4～5cm）为肩缝省长，连接并修顺肩缝。

19. 后连袖：从袖子 2.5cm 线向上 2cm 再画一条平行线，袖子与大身 2.5cm 线的交点到肩缝与 2cm 平行线的交点连弧线为后连袖。

20. 大身插角：从腋下点向下，在前后片侧缝上量取 10cm 各找一点，分别连接该点和 2.5cm 线的交点为前后片的插角。

21. 小袖被借袖量：从后片袖子与大身 2.5cm 线的交点开始到袖口线上大约 1cm 处画弧线并修顺为小袖被借袖量，后期需要拼在大身上。

22. 插条：将前后片的插角取下来拼在小袖上，保证前后片的插角尖点与袖片的前后肩点对齐，前后片插角末端的尖点对齐（图 14-11）。

23. 将小袖被借袖量剪下再合并拼在大袖上（图 14-12）。

24. 测量后会发现，大袖后袖缝比插条后袖缝长很多，所以大袖需要再还一部分量给插条，使差距减小。如果两者的长度差距仍然较大，需要在插条袖肘处打开 1cm 并修顺弧线，保证两条袖缝的长度差距小于 1cm。最后修顺袖口线（图 14-13）。

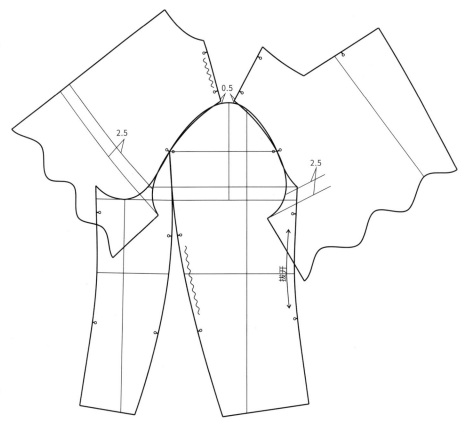

图 14-9

图 14-10

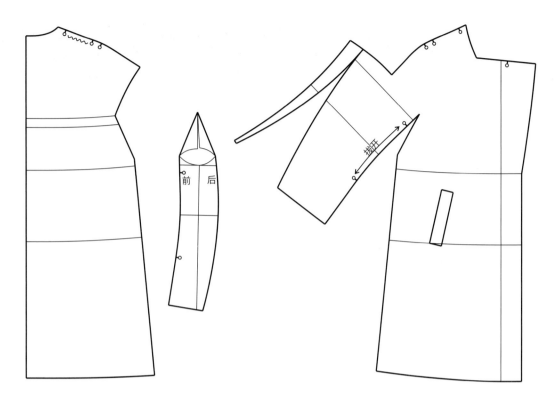

图 14-11

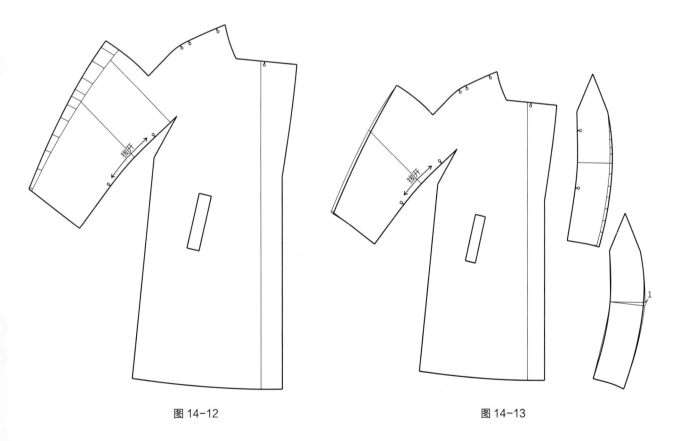

图 14-12

图 14-13

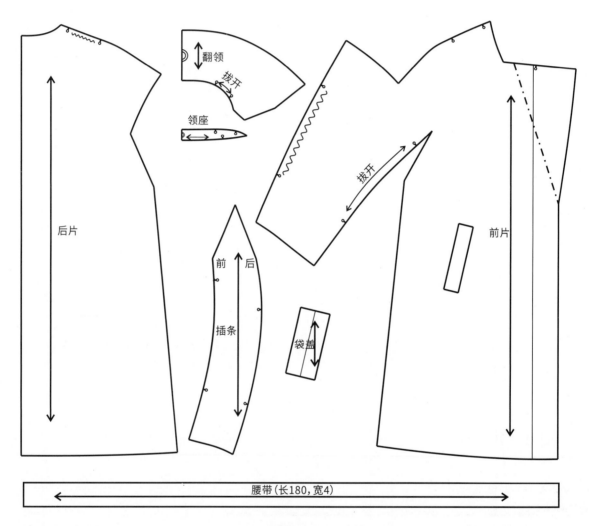

翻领

拔开

领座

拔开

后片

前
后

插条

袋盖

前片

腰带(长180,宽4)

图 14-14

将所有裁片上的过程线删除,保留一些关键的线条,检查每片的对位记号确保完整,然后作布纹线并备注裁片名称。这里的裁片都为净版(图14-14)。

15 插角大衣

（一）款式图（图 15-1）

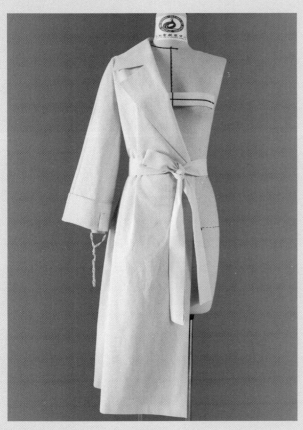

正视图　　　　　　　　　图 15-1　　　　　　　　　背视图

（二）样板规格（表 15-1）

表 15-1 样板规格表（单位：cm）

衣长	胸围	肩宽	袖长	袖口围	摆围	总领宽	领座 a	领面 b
115	118～120	40	60	40	140	11	3.5	7.5

学习重点

1. 插角的结构制图方法。
2. 衣领、衣身无省结构制图方法。

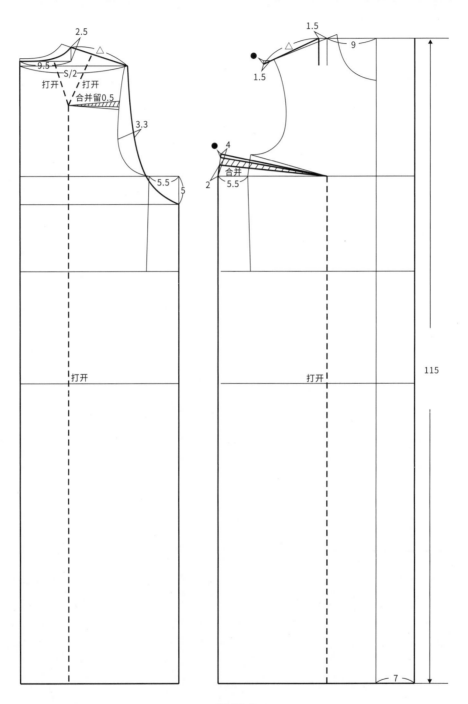

图 15-2

（步骤 1 ~ 11 见图 15-2）

1. 臀围线：以女装平面通用原型为基础，从腰围线向下 20cm 画水平线作为臀围线。

2. 前后领口：后领宽 9.5cm，领深 2.5cm，画顺后领口弧线；前领宽 9cm，画垂直线为前领宽线。

3. 侧缝：以原型为基础向外扩 5.5cm。

4. 搭门线：在前中线右侧 7cm 处画平行线。

5. 衣长：从新的颈侧点向下量取衣长 115cm。

6. 胸 / 背宽：在原型基础上，胸围每增加 1cm，胸 / 背宽增加 0.6cm。按此比例来算，胸 / 背宽需增加 3.3cm。

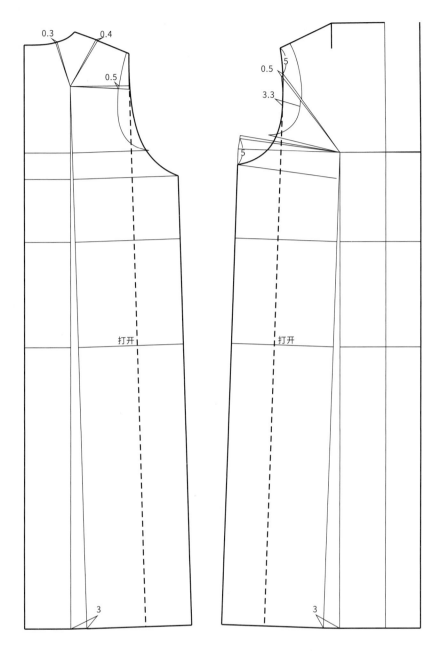

图 15-3

7. 前胸省：省线延长，重新量取省量为 4cm，连接新省线。

8. 后肩宽：从后中线向右量取 S/2 画水平线，与肩线延长线相交于新的后肩点，量取新的后肩长为△。

9. 前肩宽及撇胸量：延长前肩线并取新的后肩长△找到一点，颈侧点向左 1.5cm 为撇胸量，连接该点与肩线延长线端点并延长 1.5cm，得到新的肩点。新肩点与延长线端点之间的落差量为●，在胸省处下落相同的量。

10. 袖窿深：在原型基础上，胸围每增加 1cm，袖窿深增加 0.5cm。按此比例来算，腋下点需下降 2.5cm；由于是插角袖款式，袖窿深还需增加 2.5cm，所以总下

降量为 5cm。连接肩点、背宽点及腋下点并修顺袖窿弧线。

11. 前片起翘：腋下点起翘 2cm，连接 BP 点为新的胸围线。*注：起翘一般用在宽松大廓形款，相当于把省量放到下摆处处理掉。*

（步骤 12 ~ 14 见图 15-3、图 15-4）

12. 后片省的处理：合并肩省留 0.5cm 的量，将剩余量转移到下摆 3cm（3 ~ 4cm）、领口 0.3cm 以及肩缝 0.4cm 并修顺袖窿线。垂直于胸围线作袖窿弧线的切线，沿切线展开，展开量为 4cm（4 ~ 5cm）。修顺袖窿弧线。

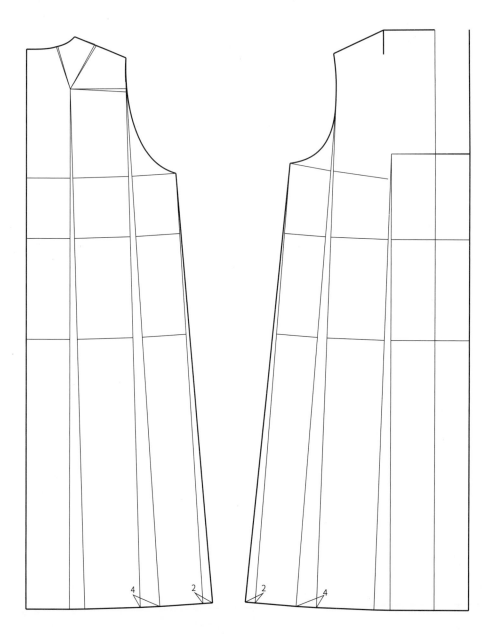

图 15-4

13. 前片省的处理：合并胸省转移到下摆处，下摆处展开量为 3cm（3 ~ 4cm），剩余量暂时转移到前中胸围线处。袖窿深从胸围线处平行下落 5cm 得到新的腋下点。连接肩点、胸宽点以及腋下点并修顺袖窿弧线。从肩点向下，在袖窿弧线上量取 5cm 得一点，连接该点和 BP 点，并将前中省转移到这里一部分，打开的量不超过 0.5cm，并修顺袖窿弧线。垂直于胸围线作袖窿弧线的切线，沿切线展开，展开量为 4cm（4 ~ 5cm）。修顺袖窿弧线。

14. 侧缝：前后片侧缝在下摆的位置都向外扩 2cm，连接腋下点和 2cm 点。

（步骤 15、16 见图 15-5）

15. 修顺下摆线：将前后片侧缝对齐腋下点拼在一起并修顺下摆线，保证前中后中处为直角。

16. 对位记号：分别从肩点向里 2cm、颈侧点向里 2cm 做对位记号，记号中间部分的后片肩缝需要缩缝。

17. 前口袋：从前中线向左 14cm 画平行线，分别与腰围线、臀围线相交，从腰围线交点向下量取 4cm 为口袋前端定位点；从臀围线交点向左 4cm 得到一点；连接两点确定口袋倾斜度，并在连线上取口袋开口长 17cm。口袋另外一个上端点到腰围线的垂直距离为 2cm，袋盖宽度为 5cm（图 15-6）。

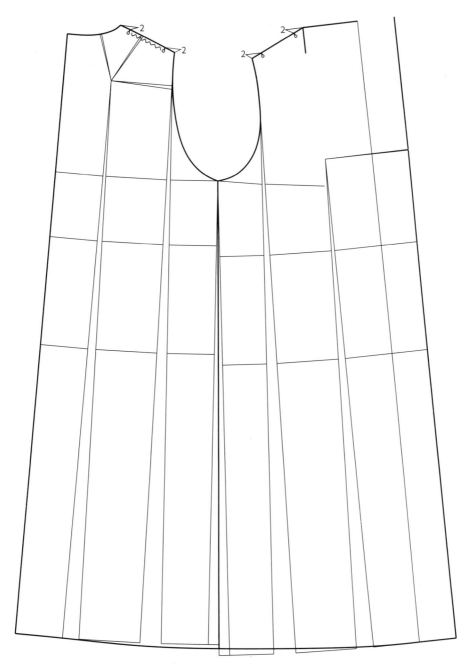

图 15-5

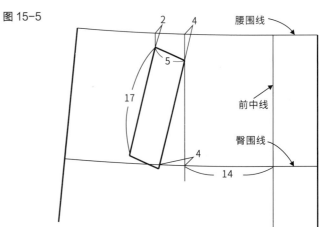

图 15-6

领子制图步骤

一、领子的基本参数

总领宽：11cm
领座 a：3.5cm
领面 b：7.5cm
倒伏量：1.5(b-a)

二、领子的基本制图步骤

（步骤 1～7 见图 15-7a）

1. 翻折线：从新颈侧点向右平移 0.7a 得到一点，连接该点至腰围线与搭门线的交点并向上作延长线。

2. 倒伏量：从翻折线向左 0.9a 画平行线，与肩线相交于 A 点。从 A 点向上，在平行线上量取总领宽 11cm 得到一点，过该点向平行线左侧作垂线，垂线长为 1.5(b-a)，连接 A 点与垂线尾端并向上延长，在这条延长线上量取后领口弧长 -0.3cm 得到 B 点。过 B 点向右作垂线，垂线长为总领宽 11cm，得到 C 点。

3. 串口线：从颈侧点向下，在领宽线上量取 8cm 得到一点，从前中线向下量取 10cm 得到一点，连接两点画一条斜线作为串口线。在翻折线右侧作垂线并与串口线相交，在垂线上取驳头宽为 12.5cm，驳头宽点与翻折点连直线。

4. 领嘴：从串口线驳头宽点向里量取 9cm（9～9.5cm）为绱领点，领头长为 9cm（9～9.5cm），领嘴角度为 45°（40°～45°），得到 D 点。

5. 领外口弧线：连接 C 点、D 点作弧线，并保证 C 点处为直角。

6. 驳头线：串口线驳头宽点与翻折点连弧线，弧线深度为 0.5cm。

7. 领口线：从翻折线与串口线的交点向左量取 2.5cm 得一点，颈侧点与该点连弧线为大身领口弧线；然后修顺领下口弧线并与大身领口弧线相切。

三、分小领

（步骤 1～5 见图 15-7b）

1. 在后中线上量取 2.5cm 得一点，从大身领口弧线前端点向上量取 4.5cm 得一点，画弧线连接两点并保证颈侧点与弧线之间的距离不小于 2.2cm。

2. 从后中线向右依次间隔 3.5cm 作平行线，其中应有一条线经过颈侧点。如果没有一条线经过颈侧点，可微调一下距离。

3. 先沿弧线剪开小领，再沿每条平行线依次剪开并合并，合并量分别为 0.1cm（0.1～0.2cm）、0.1cm（0.1～0.2cm）、0.3cm（0.3～0.4cm）和 0.2cm（0.2～0.3cm）。因为领宽较大弧线较长，按照原先的合并量不能保证领座起翘量在 1～1.5cm 之间，所以需要在弧度偏大的地方继续合并，直到起翘量在 1～1.5cm 之间，合并后修顺弧线。

4. 将上领沿每条平行线依次剪开并合并，每处合并量都比小领大 0.1cm，由于领座合并量增加，所以翻领对应的合并量也需要增加，分别为 0.2cm、0.2cm、0.4cm 和 0.3cm，合并后修顺弧线。

5. 做对位记号：从前端向左量取 3cm 做对位记号，从后中向右量取 7cm 做对位记号。这里的 7cm 不是固定值，只要保证两个对位记号间的距离为 4～5cm 即可。

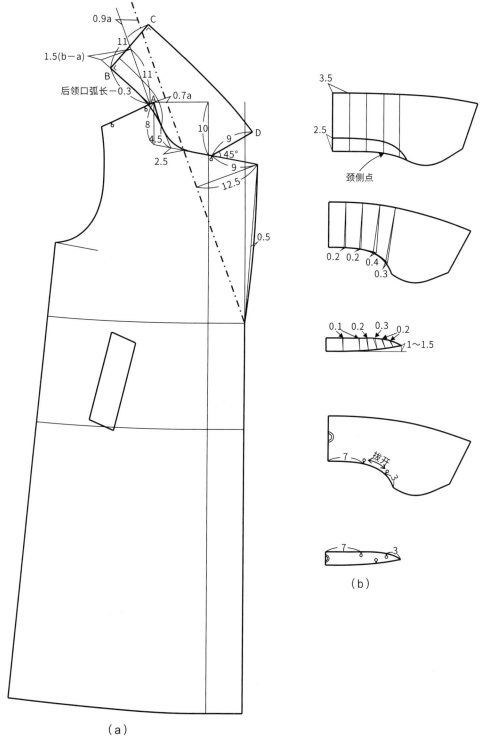

（a）

（b）

图 15-7

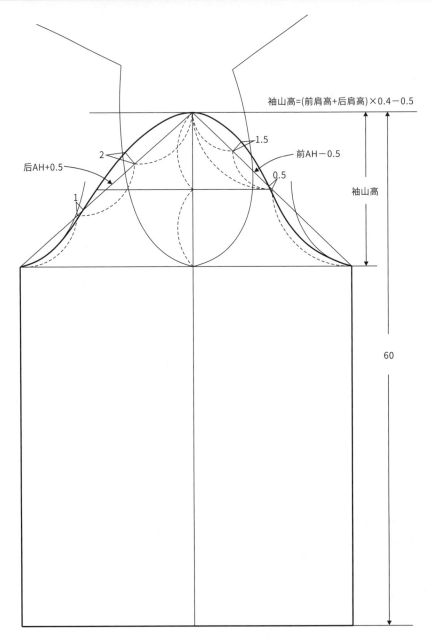

袖山高=(前肩高+后肩高)×0.4-0.5

后AH+0.5

前AH-0.5

袖山高

60

图 15-8

（步骤 1 ~ 7 见图 15-8）

1. 基本框架：作水平线和垂直线相交成十字，复制衣身前后袖窿于垂直线左右两侧，并测量出对应的前AH、后 AH、前肩高和后肩高。*注：复制袖窿时需保证胸围线与水平线平齐。*

2. 袖山高：袖山高 =（前肩高 + 后肩高）×0.4-（0.5 ~ 1cm）。减量的原因是大身偏宽松，对应的袖肥应该偏大，所以用降低袖山高的方式来增加袖肥。

3. 袖长：从袖山高点垂直向下取袖长作袖长线。

4. 前后袖山斜线：过袖山高点作前袖山斜线 = 前AH-0.5cm，后袖山斜线 = 后 AH+0.5cm。完成后，袖肥尺寸应在 40 ~ 41cm 之间。如果不在此区间内，需检查前后袖窿弧线的长度量取是否正确。

5. 前后袖山弧线：以前后袖山斜线与水平线的交点为基点复制衣身前后袖窿底。将前袖山斜线等分，从等分点向上 0.5cm 找一点；将等分点上方的斜线再次等分，从这次的等分点向斜线上方作垂线并在垂线上取 1.5cm 找一点；连接袖山高点、1.5cm 点、0.5cm 点及袖肥点

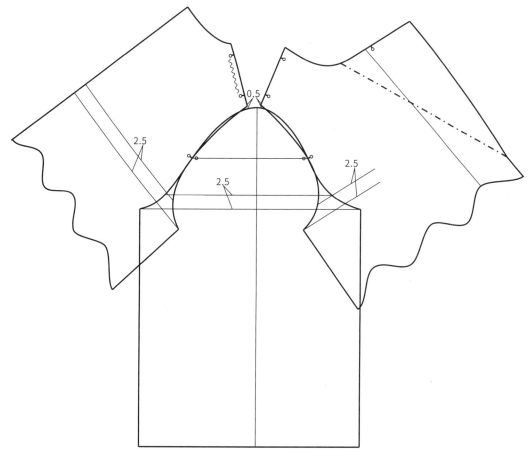

图 15-9

作为前袖山弧线。将后袖山斜线三等分，从第二个三等分点向上 1cm 找一点；从第一个三等分点向斜线上方作垂线并在垂线上取 2cm 找一点；连接袖山高点、2cm 点、1cm 点以及袖肥点作为后袖山弧线。*注：后袖底弧线与后袖窿底弧线基本保持重合，前袖底弧线与前袖窿底弧线重合量在 2.5cm 以内。*

6. 袖口：分别从前后袖肥点向下作垂直线与袖长线相交，两交点之间点距离为袖口围，尺寸与袖肥一致。

7. 袖山吃量：检查吃量，前后袖山总吃量为 2.5cm，前后分配比例为前 40%，后 60%。

（步骤 8、9 见图 15-9）

8. 分别从大身胸围线和袖子袖肥线向上 2.5cm 作平行线。

9. 袖子与大身对位：量取从腋下点到袖山高中线与袖山弧线交点的袖山弧线长度，并在大身袖窿弧线上取相同长度做对位记号。对齐记号点将大身拼在袖子上，并保证前后肩点到袖山弧线的垂直距离都不超过 0.5cm。拼完后前后肩点之间的距离应在 2 ~ 2.5cm 范围内。一般情况下，后肩点到袖山高点的距离与前肩点到袖山高点的距离比值为 1 ~ 1.5，如果不在此范围内，可以微调袖山高点的位置。

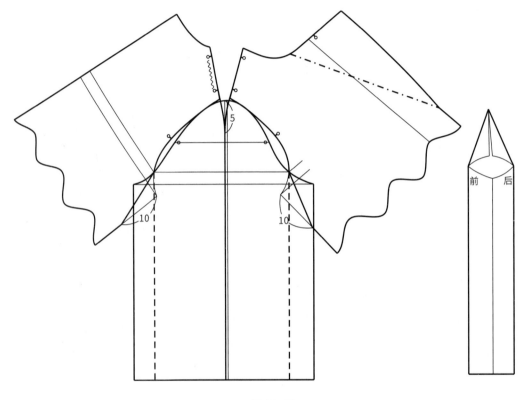

图 15-10

（步骤 10 ~ 12 见图 15-10）

10. 固定肩点旋转裁片使大身 2.5cm 线与袖子 2.5cm 线相交，从袖山高点向下量取 5cm（4 ~ 5cm）为肩缝省长，连接并修顺肩缝。

11. 大身插角：从腋下点向下，在前后片侧缝上量取 10cm 各找一点，分别连接该点和 2.5cm 线的交点为前后片的插角。

12. 从 2.5cm 线的交点向下在袖子上作垂线，沿垂线将前后小片剪下，并从大身上将前后片插角剪下，与前后小片拼在一起为腋下插角。注意在拼接的时候标注好前后，避免拼接错误。

分片图

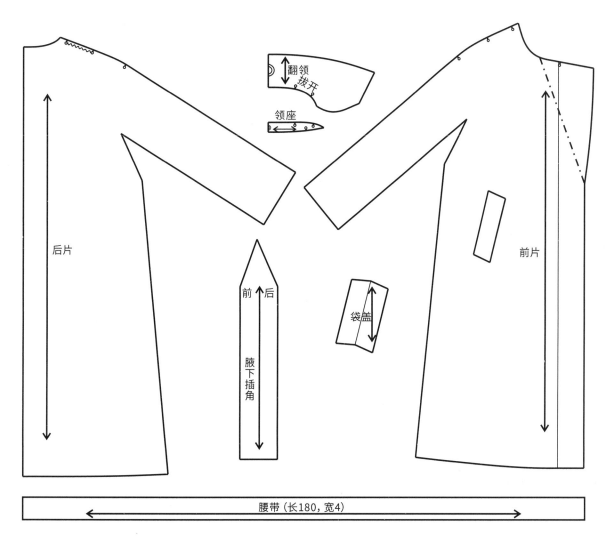

翻领
拔开

领座

后片

前 后

腋下插角

袋盖

前片

腰带（长180，宽4）

图 15-11

　　将所有裁片上的过程线删除，保留一些关键的线条，检查每片的对位记号确保完整，然后作布纹线并备注裁片名称。这里的裁片都为净版（图 15-11）。

16 带帽宽松插肩袖大衣

（一）款式图（图 16-1）

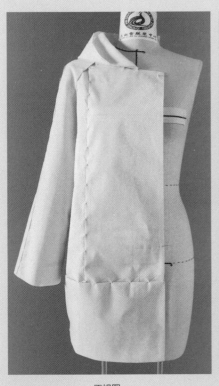
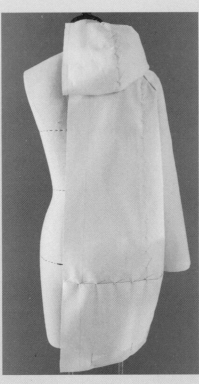
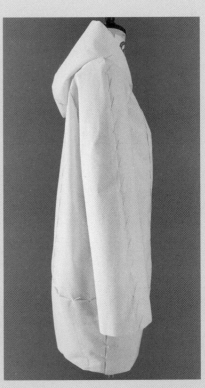

正视图 　　　　　　　　　　背视图 　　　　　　　　　　侧视图

图 16-1

（二）样板规格（表 16-1）

表 16-1 样板规格表（单位：cm）

衣长	胸围	肩宽	袖长	袖口围	摆围	帽高	帽宽	帽座高
86	110 ~ 112	39	59	40 ~ 41	140	35	32	3

学习重点

1. 帽子的结构制图方法。
2. 宽松插肩袖的结构制图方法。
3. 下口收量的处理方式。

衣身制图步骤

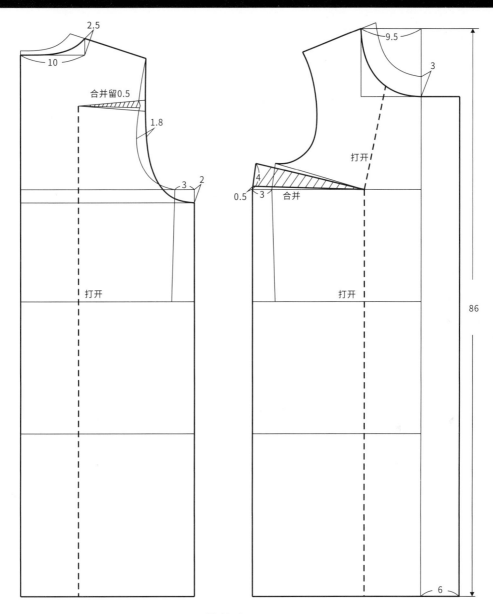

图 16-2

(步骤 1 ~ 10 见图 16-2)

1. 臀围线：以女装平面通用原型为基础，从腰围线向下 20cm 画水平线作为臀围线。

2. 前后领口：后领宽 10cm，领深 2.5cm，画顺弧线；前领宽 9.5cm，领深在原型基础上下落 3cm，画顺弧线。

3. 侧缝：以原型为基础向外扩 3cm。如果胸围为110cm，按照比例计算侧缝应加放 3.75cm，但是由于前后片都有展开量，所以在侧缝放 3cm 松量即可。

4. 搭门线：在前中线右侧 6cm 处画平行线。

5. 衣长：从新的颈侧点向下量取衣长 86cm。

6. 胸 / 背宽：在原型基础上，胸围每增加 1cm，胸 / 背宽增加 0.6cm。按此比例来算，胸 / 背宽需增加 1.8cm。

7. 前胸省：省线延长，重新量取省量为 4cm，连接新省线。

8. 肩宽：该款肩宽和原型相同。

9. 袖窿深：在原型基础上，胸围每增加 1cm，袖窿深增加 0.5cm。按此比例来算，腋下点需下降 1.5cm；由于是宽松款，袖窿深还需增加 0.5cm，所以总下降量为 2cm。连接肩点、背宽点及腋下点并修顺袖窿弧线。

10. 前片起翘：腋下点起翘 0.5cm，连接 BP 点为新的胸围线。注：因为大身设计有分割线，所以前片起翘 0.5cm 即可；若无分割设计，起翘可以做到 1.5cm。

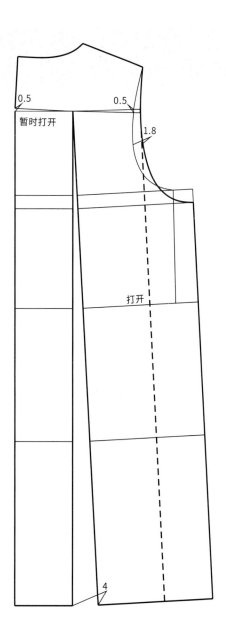
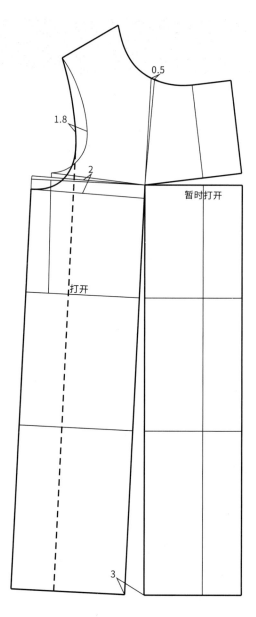

图 16-3

（步骤 11 ~ 13 见图 16-3、图 16-4）

11. 后片省的处理：合并肩省留 0.5cm 的量，将剩余量转移到下摆 4cm（3 ~ 4cm）、后背 0.5cm（暂时），并修顺袖窿线。垂直于胸围线作袖窿弧线的切线，沿切线展开，展开量为 5cm（4 ~ 5cm）。修顺袖窿弧线。

12. 前片省的处理：合并胸省转移到下摆处，下摆处展开量为 3cm，领口处转移 0.5cm，剩余量暂时转移到前中胸围线处。袖窿深从胸围线处平行下落 2cm 得到新的腋下点。连接肩点、胸宽点以及腋下点并修顺袖窿弧线。垂直于胸围线作袖窿弧线的切线，沿切线展开，展开量为 3cm。修顺袖窿弧线。

13. 侧缝：前后片在下摆的位置都向外扩 2cm，连接腋下点和 2cm 点。

（步骤 14、15 见图 16-5）

14. 插肩缝：从颈侧点向下，分别在前后领口弧线上量取 5cm 找一点，从该点开始画弧线与袖窿弧线相交，弧线的效果要根据款式设计而定。

15. 前后竖分割线：从后中线向右延长后背省省线至 13cm 得一点，在臀围线上从后中线向右量取 17cm 得一点，连接两点为分割线的斜线并向上延伸至插肩缝，向下延伸至下摆处；从前中线向左延长前中胸围省省线至 12cm 找一点，在臀围线上从前中线向左量取 15cm 找一点，连接两点为分割线的斜线并向上微弯，经 BP 点延伸至插肩缝，向下延伸至下摆处。

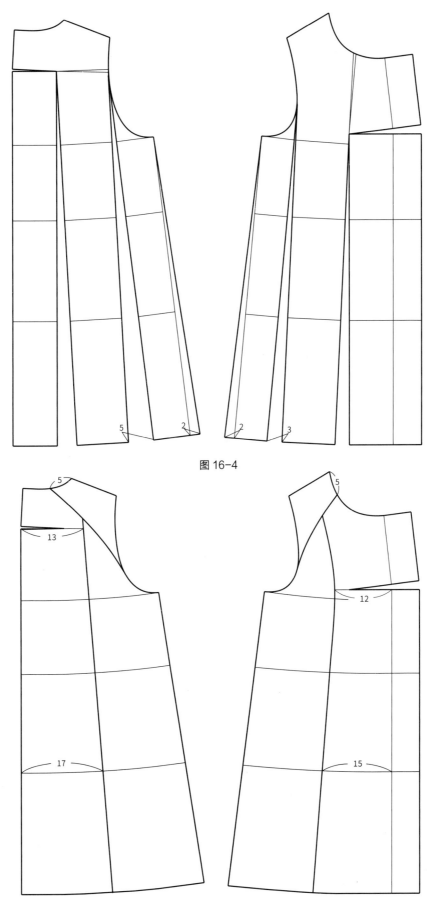

图 16-4

图 16-5

图 16-6

（步骤16、17见图16-6）

16. 修顺下摆线：将前后片侧缝对齐腋下点拼在一起并修顺下摆线，保证前中后中处为直角。

17. 下片分割线：从下摆弧线向上22cm画平行线。

18. 修顺领口弧线：将前后片肩缝拼在一起，修顺领口弧线。

19. 下片处理：分别将侧缝线和前后分割线之间的部分三等分，然后沿等分线和分割线合并，前片下摆处每条线合并2cm，后片下摆处每条线合并3cm，最后修顺弧线（图16-7）。

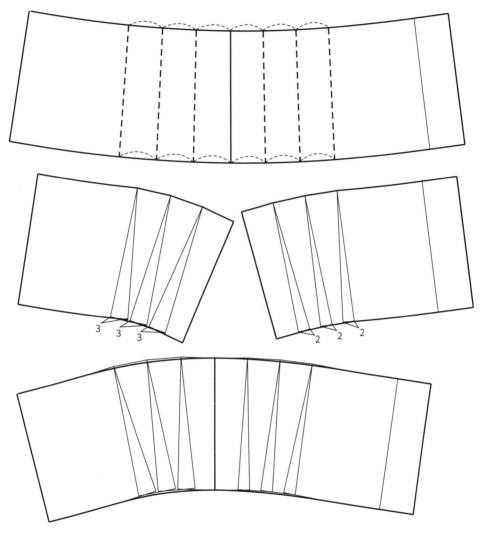

图 16-7

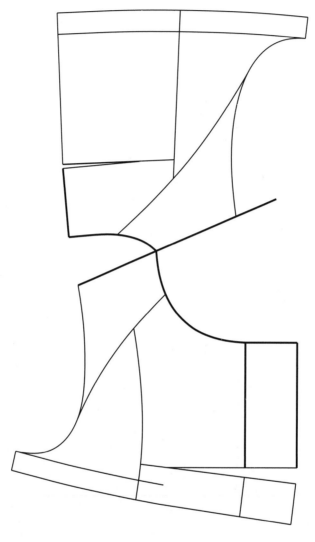

图 16-8

一、帽子的基本参数

帽高：35cm

帽宽：32cm

帽座高：3cm

二、帽子的基本制作步骤

1. 复制衣身前后片领口部分，注意前后片领口弧线的摆放方向（图 16-8）。

（步骤 2 ~ 5 见图 16-9）

2. 领口弧线：从后领深点向下，将后中线延长 6cm（2x 帽座高）找一点，该点和 O 点连弧线并与前领口弧线相切；从 O 点向左，在弧线的延长线上量取前领口弧线的同等长度得一点为颈侧点；再向左量取后领口弧长 +1cm 得 A 点。

3. 帽高和帽宽：过 A 点向上作垂线，取 32cm 长得 B 点；过 B 点向右作垂线，取 35cm 长得 C 点；连接线段 OC，过点 B 向线段 OC 作垂线，垂足为 D 点。

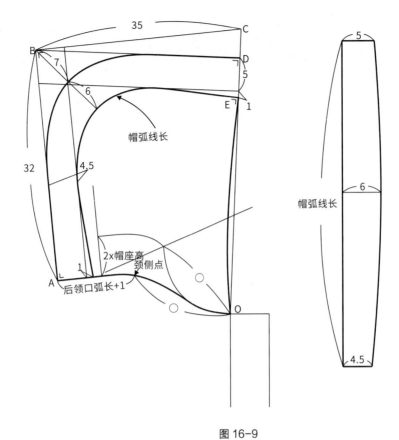

图 16-9

图 16-10

4. 帽后中弧线：作角 ABC 的角平分线，在角平分线上量取 7cm 得一点，将该点、A 点和 D 点弧线连接。

5. 帽后中片：在线段 AB 右侧 4.5cm 处画平行线，在线段 BD 下方 5cm 处画平行线，从前帽口和后中处分别向里收 1cm 各得一点，角平分线延长 6cm 得一点，弧线连接上述各点。量取帽弧线长度作直线段，并在帽口、头顶和后领口处量取长度（分别为 5cm、6cm 和 4.5cm），从直线向右取相同尺寸各得一点，这三点连弧线为帽后中片。

6. 修顺：将帽侧片和帽后中片拼在一起，修顺帽口和后中处（图 16-10）。

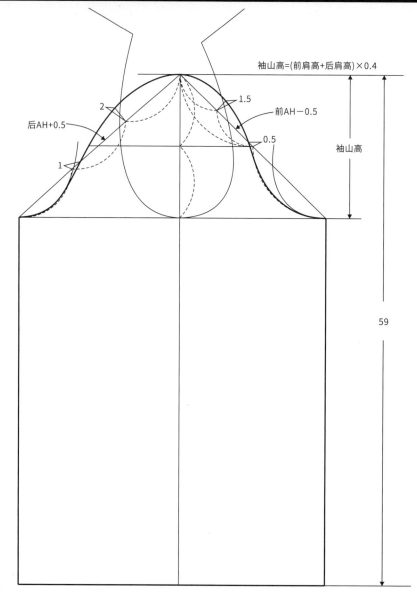

袖山高=(前肩高+后肩高)×0.4

后AH+0.5

2

1.5

前AH−0.5

0.5

1

袖山高

59

图 16-11

（步骤 1 ~ 7 见图 16-11）

1. 基本框架：作水平线和垂直线相交成十字，复制衣身前后袖窿于垂直线左右两侧，并测量出对应的前 AH、后 AH、前肩高和后肩高。*注：复制袖窿时需保证胸围线与水平线平齐。*

2. 袖山高：袖山高=（前肩高＋后肩高）×0.4。

3. 袖长：从袖山高点垂直向下取袖长作袖长线。

4. 前后袖山斜线：过袖山高点作前袖山斜线＝前 AH−0.5cm，后袖山斜线＝后 AH+0.5cm。完成后，袖肥尺寸应在 40 ~ 41cm 之间。如果不在此区间内，需检查前后袖窿弧线的长度量取是否正确。

5. 前后袖山弧线：以前后袖山斜线与水平线的交点

为基点复制衣身前后袖窿底，两交点之间的距离为袖肥尺寸。将前袖山斜线等分，从等分点向上 0.5cm 找一点；将等分点上方的斜线再次等分，从这次的等分点向斜线上方作垂线并在垂线上取 1.5cm 找一点；连接袖山高点、1.5cm 点、0.5cm 点及袖肥点作为前袖山弧线。将后袖山斜线三等分，从第二个三等分点向上 1cm 找一点；从第一个三等分点向斜线上方作垂线并在垂线上取 2cm 找一点；连接袖山高点、2cm 点、1cm 点以及袖肥点作为后袖山弧线。*注：后袖底弧线与后袖窿底弧线基本保持重合，前袖底弧线与前袖窿底弧线重合量在 2.5cm 以内。*

6. 袖口：分别从前后袖肥点向下作垂线与袖长线相交，两交点之间的距离为袖口围，尺寸与袖肥一致。

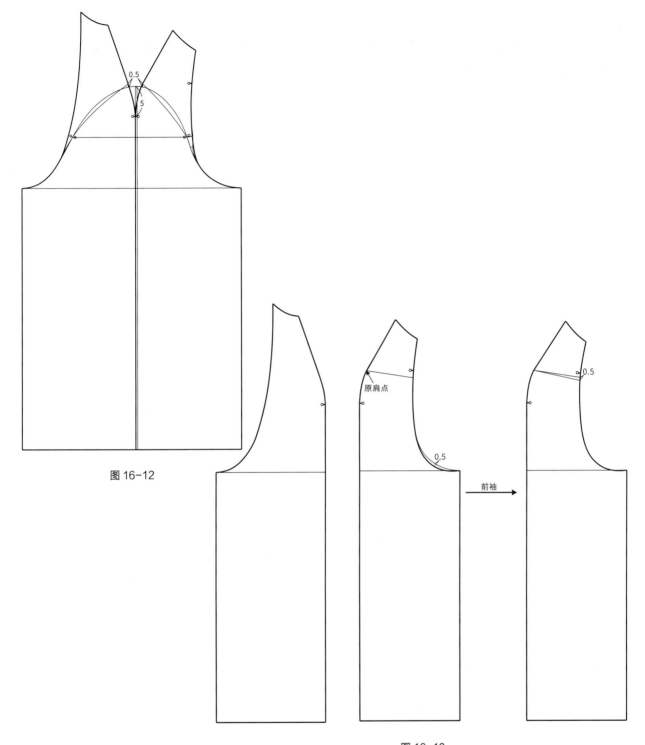

图 16-12

原肩点

前袖 →

0.5

图 16-13

7. 袖山吃量：检查吃量，前后袖山总吃量为 2.5cm，前后分配比例为前 40%，后 60%。

（步骤 8、9 见图 16-12）

8. 袖子与大身对位：量取从腋下点到袖山高中线与袖山弧线交点的袖山弧线长度，并在大身袖窿弧线上取相同长度做对位记号。将插肩部分剪下，对齐记号点拼在袖子上，并保证前后肩点到袖山弧线的垂直距离都不超过 0.5cm。拼完后前后肩点之间的距离应在 2～2.5cm

范围内。一般情况下，后肩点到袖山高点的距离与前肩点到袖山高点的距离比值为 1～1.5，如果不在此范围内，可以微调袖山高点的位置。修顺前后插肩袖缝。

9. 肩缝省：从袖山高点向下量取 5cm 为肩缝省长，连接并修顺肩缝。

10. 前袖的处理：将前袖窿底再挖深 0.5cm，然后在肩点处合并 0.5cm 并修顺前插肩袖缝。通过这个方法可以使袖子不后甩（图 16-13）。

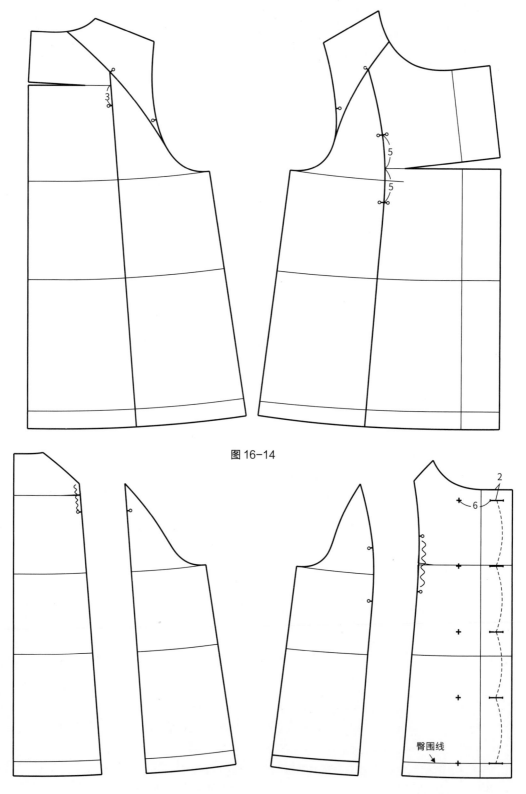

图 16-14

图 16-15

（步骤11、12见图16-14、图16-15）

11. 前后片省的处理：在后片分割线上，从后背省省线延长线端点向下量取3cm做记号；在前片分割线上，从前中胸围省省线延长线端点向上、向下各取5cm做记号；将剩余的省量分别转移到前后片分割线处，省打开

部位的分割线需缩缝处理。

12. 扣位：第一排扣排列在搭门中心线上，第二排扣与第一排扣之间相距6cm。每排五颗扣，扣眼长为2cm。第一颗扣位于领口线向下2cm处，最后一颗扣位于臀围线上。

分片图

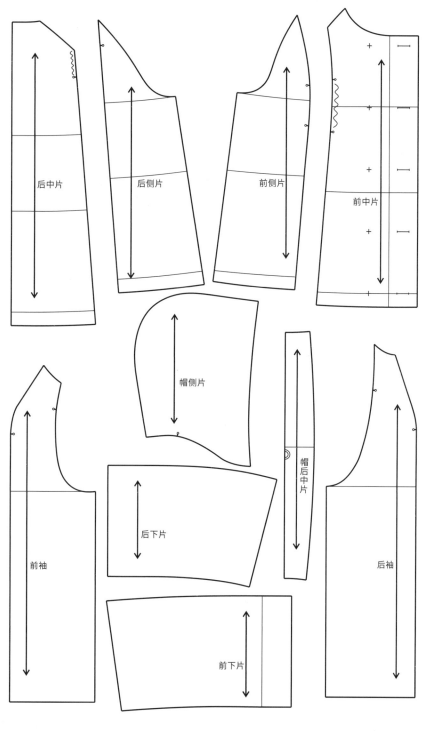

后中片

后侧片

前侧片

前中片

帽侧片

帽后中片

前袖

后下片

后袖

前下片

图 16-16

　　将所有裁片上的过程线删除，保留一些关键的线条，检查每片的对位记号确保完整，然后作布纹线并备注裁片名称。这里的裁片都为净版（图 16-16）。

17 拐袖关门领外套

（一）款式图（图17-1）

正视图

背视图

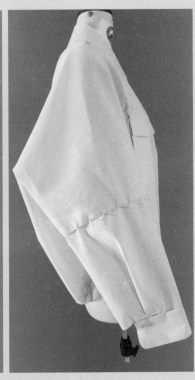

侧视图

图17-1

（二）样板规格（表17-1）

表17-1 样板规格表（单位：cm）

衣长	胸围	肩袖长	袖口围	摆围	总领宽	领座 a	领面 b
65	150	77	30	125	10	3.5	6.5

学习重点

1. 小下摆 V 形无省结构制图方法。
2. 拐袖的结构制图方法。
3. 关门领领型的结构制图方法。

154 | 平面通用原型女装成衣制版原理与实例

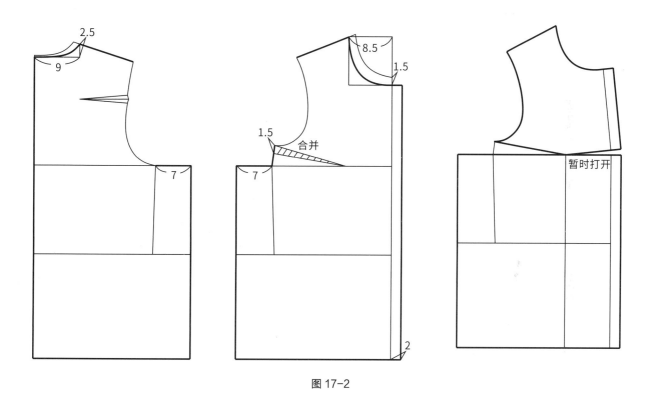

图 17-2

（步骤 1 ～ 5 见图 17-2）

1. 臀围线：以女装平面通用原型为基础，从腰围线向下 20cm 画水平线作为臀围线。

2. 前后领口：后领宽 9cm，领深 2.5cm，画顺弧线；前领宽 8.5cm，领深在原型基础上下落 1.5cm，画顺弧线。

3. 侧缝：以原型为基础向外扩 7cm。

4. 搭门线：在前中线右侧 2cm 处画平行线。

5. 胸省：合并胸省（暂时）转移 1.5cm 的量到前中胸围线处。

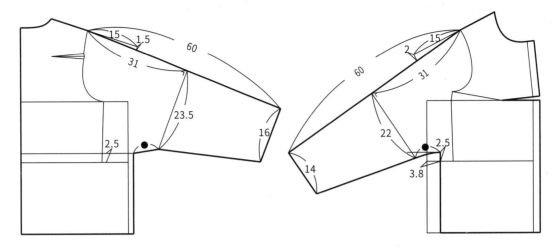

图 17-3

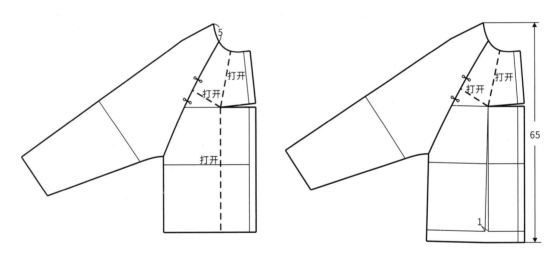

图 17-4

（步骤 6 ~ 8 见图 17-3）

6. 肩袖的确定：前片肩线延长 15cm 找一点，过该点向下作垂线，长度为 2cm 找一点，连接肩点和该点并延长连线至 60cm 为袖长；后片肩线延长 15cm 找一点，过该点向下作垂线，长度为 1.5cm 找一点，连接肩点和该点并延长连线至 60cm 为袖长。

7. 前袖口及袖底缝的确定：从肩点向下量取 31cm 找一点，过该点作垂线并在垂线上量取 22cm 为袖肥线；过袖口点作垂线，长度为 14cm 找一点；从腰围线向上 2.5cm 作水平线，从侧缝向左 3.8cm 作垂直线为新的侧缝，并与水平线相交得到腋下点；连接 14cm 点、22cm 点及腋下点，其中 14cm 点到 22cm 点连直线，22cm 点到腋下点连弧线，弧线长度为●。

8. 后袖口及袖底缝的确定：从肩点向下量取 31cm 找一点，过该点作垂线并在垂线上量取 23.5cm 为袖肥线；过袖口点作垂线，长度为 16cm 找一点；从腰围线向上 2.5cm 作水平线并延长；16cm 点到 23.5cm 点连直线，从 23.5cm 点向左取前片同等长度●画线与 2.5cm 水平线相交得到腋下点，过腋下点垂直向下为新的侧缝。

（步骤 9 ~ 11 见图 17-4）

9. 前插肩缝：在前领口弧线上，从颈侧点向下量取 5cm（5 ~ 6cm）得一点，该点和腋下点连弧线。

10. 展开线：以 BP 点为中心，分别向领口弧线、插肩缝和臀围线作展开线，并在插肩缝上做对位记号（从展开线与插肩缝的交点向两侧分别量取 3 ~ 4cm 为对位点），然后将前中省转移部分量到下摆处，使下摆打开量为 1cm。

11. 衣长：根据款式设定，从颈侧点垂直向下量取衣长 65cm。

12. 修顺领口弧线：将前后片肩缝拼在一起修顺领口弧线。

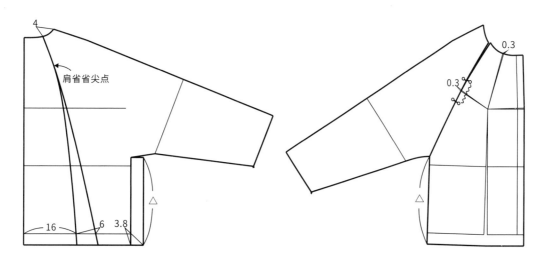

图 17-5

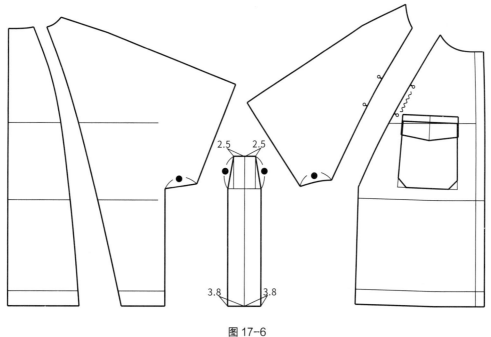

图 17-6

（步骤13 ~ 15见图17-5）

13. 前中省的处理：将前中省量转移到领口0.3cm、插肩缝0.3cm。

14. 侧插条：测量前片侧缝长度为△，在后片侧缝上取相同的长度，并向右3.8cm作平行线。

15. 后片竖分割线：在后领口弧线上，从颈侧点向下量取4cm得一点；在臀围线上，从后中线向右量取

16cm得一点；4cm点、肩省省尖点和16cm点连弧线。从16cm点向右再量取6cm得一点，4cm点、肩省省尖点和6cm点连弧线。

16. 侧插片：侧插片下边宽度为3.8cm+3.8cm，侧边长度同前后片侧缝长△，上边宽度为2.5cm+2.5cm，斜边长度同袖子腋下长●（图17-6）。

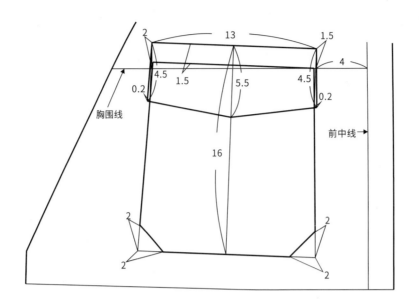

图 17-7

图 17-8

（步骤 17、18 见图 17-7）

17. 胸口袋袋盖：在胸围线上，自前中线向左量取4cm得一点，袋盖上边缘右侧端点到胸围线的垂直距离为1.5cm，左侧端点到胸围线的垂直距离为2cm，袋盖上边缘线长度为13cm。过袋盖中点向下作5.5cm长的垂线得一点；过1.5cm点和2cm点分别向下作4.5cm长的垂线并分别向外延伸0.2cm得两点；直线连接1.5cm点、2cm点、两个0.2cm点和5.5cm点为袋盖。*注：袋盖两端向外延伸0.2cm的原因是一般情况下裁片车缝完之后视觉效果会变小，因此需提前将量加出来，车缝完之后视觉效果刚刚好。*

18. 胸口袋：从袋盖上边缘线向下1.5cm作平行线为口袋上边缘线，向下16cm作平行线确定口袋深度，从袋盖两侧向里0.2cm作平行线确定口袋宽度，延伸并连接各线段。口袋下角每边各收2cm。

19. 后片拐袖的处理：连接线段AB、BC。沿BC剪开，将B点向外打开18cm得D点。沿BA剪开，从A点向右在下摆量取3.5cm得A'点；A'点经肩省省尖点到领口连弧线。将三角形ABF拼在A'点上并旋转打开，使D点、E点、F点在同一直线上；从D点向下在直线上量取侧插片侧边同等长度□（图17-8）。

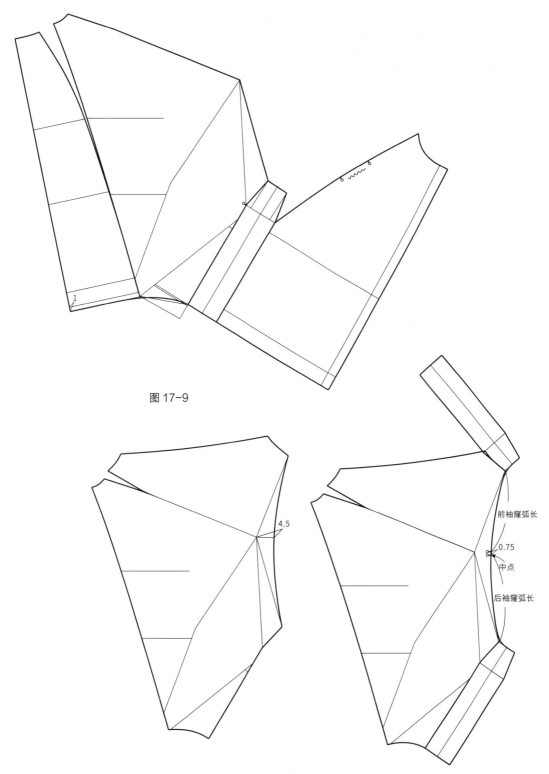

图 17-9

图 17-10

前袖窿弧长

0.75

中点

后袖窿弧长

20. 修顺下摆线：后片下摆线向下平移 1cm，然后
将各片拼在一起并修顺下摆线（图 17-9）。

（步骤21、22见图17-10）

21. 袖窿弧线：将前插肩拼在后片上，作袖窿弧线，
弧线到肩点的最大距离为 4.5cm。然后将侧插片拼在前
后片上，修顺袖窿弧线。

22. 对位记号：量取袖窿弧线长度并找到中点，然
后从该点向前量取 0.75cm 找到一点为袖山对位点。

袖子制图步骤

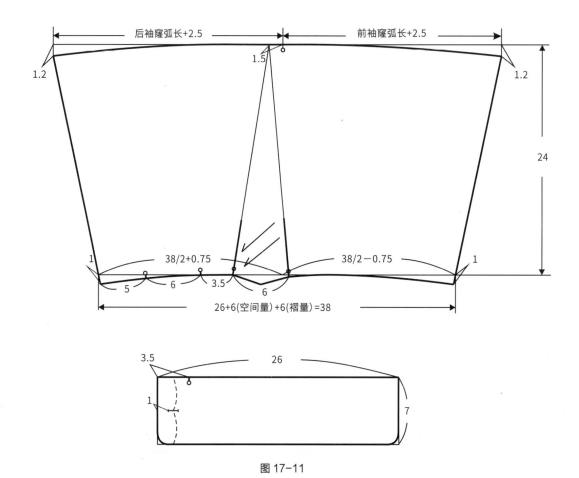

图 17-11

（步骤1～5见图17-11）

1. 袖山弧线：作水平线，长度为前袖窿弧长 +2.5cm 和后袖窿弧长 +2.5cm 的总和，然后分别从两端垂直向下 1.2cm 作袖山弧线。

2. 袖长：根据设计要求取 24cm 作袖长线。

3. 袖口弧线：根据款式设计袖克夫长度为 26cm，袖片与袖克夫之间有 6cm 的空间量，再加上袖片上有一个褶，褶量为 6cm，所以袖口弧线总长度为 38cm。在袖长线上量取前袖口长为 38cm/2-0.75cm，后袖口长为 38cm/2+0.75cm，然后连接袖底缝并向下延长

1cm，修顺袖口弧线。

4. 褶位的确定：从前后袖窿弧长分界点向左 1.5cm 得一点；从袖口弧线左端向右量取 5cm 得一点，从该点向右量取 6cm（空间量）得一点，再向右量取 3.5cm 得一点为褶的起点并向右量取 6cm 褶量；然后分别连接 1.5cm 点和 3.5cm 点、6cm 点为褶线，沿两条褶线折叠并向左倒，修顺袖口弧线。

5. 袖克夫：袖克夫长度为 26cm，宽度为 7cm，下边作圆角处理。按设计要求定出扣眼位。

领子制图步骤

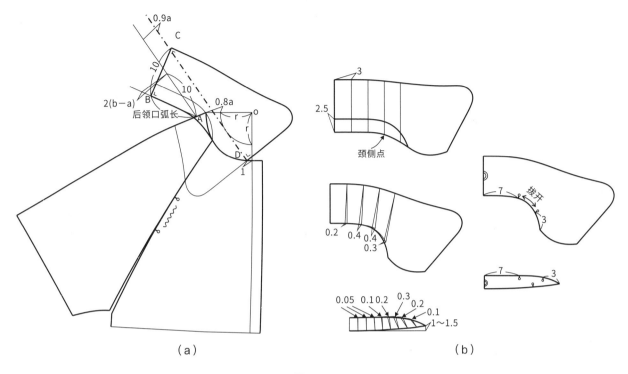

（a）   （b）

图 17-12

一、领子的基本参数

总领宽：10cm
领座 a：3.5cm
领面 b：6.5cm
倒伏量：2(b−a)

二、领子的基本制图步骤

（步骤 1 ~ 3 见图 17-12a）

1. 翻折线：从颈侧点向右平移 0.8a 并量取领宽剩余量为 r = 前领宽 −0.8a；以 O 点为圆心，r 为半径作 1/4 圆，从前领深点向左量取 1cm 并向 1/4 圆作切线。

2. 倒伏量：从翻折线向左 0.9a 画平行线，与肩线相交于 A 点。从 A 点向上，在平行线上量取总领宽 10cm 并向左作垂线，垂线长为 2(b−a)，连接 A 点与垂线尾端并向上延长，在这条延长线上量取后领口弧长得到 B 点。过 B 点作垂线，垂线长为总领宽 10cm，得到 C 点。

3. 领外口弧线：C 点到 D 点之间根据造型作领外口弧线，并保证 C 点、D 点处为直角。若领型不好把控，可以按照造型需要先将领子的形状画出来，再以翻折线为对称轴复制领外口弧线。

三、分小领

（步骤 1 ~ 5 见图 17-12b）

1. 在后中线上量取 2.5cm，弧线连接至大身前片插肩缝处，并保证颈侧点与弧线之间的距离不小于 2.3cm。

2. 从后中线向右依次间隔 3cm 作平行线，其中应有一条线经过颈侧点。如果没有一条线经过颈侧点，可微调一下距离。

3. 先沿弧线剪开小领，再沿每条平行线依次剪开并合并，常规合并量分别为 0.1cm（0.1 ~ 0.2cm）、0.1cm（0.1 ~ 0.2cm）、0.3cm（0.3 ~ 0.4cm）和 0.2cm（0.2 ~ 0.3cm）。因为领宽较大弧线较长，按照原先的合并量不能保证领座起翘量在 1 ~ 1.5cm 之间，所以需要在弧度偏大的地方继续合并，直到起翘量在 1 ~ 1.5cm 之间（如图所示，新增加的剪开位置及合并量为经验值，具体根据不同面料特性而定），合并后修顺弧线。

4. 将上领沿每条平行线依次剪开并合并，每处合并量都比小领大 0.1cm，由于领座合并量增加，所以翻领对应的合并量也需要增加，分别为 0.2cm、0.4cm、0.4cm 和 0.3cm，合并后修顺弧线。

5. 对位记号：从前端向左量取 3cm 做对位记号，从后中向右量取 7cm 做对位记号。这里的 7cm 不是固定值，只要保证两个对位记号间的距离为 4 ~ 5cm 即可。

分片图

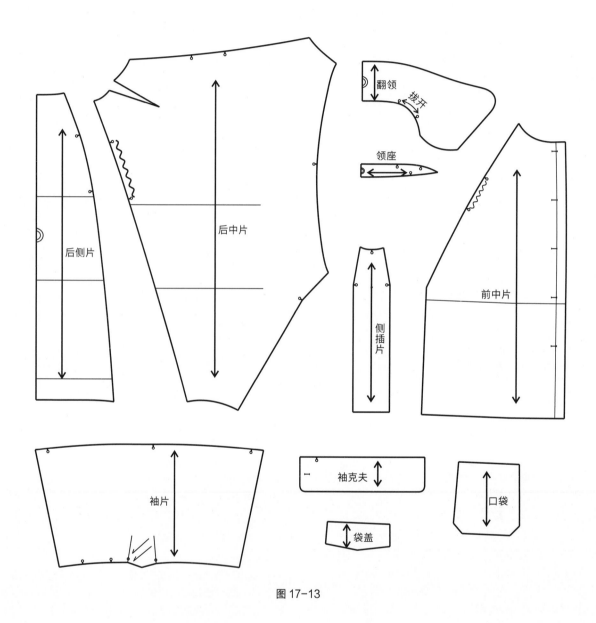

翻领

拔开

领座

后侧片

后中片

侧插片

前中片

袖片

袖克夫

袋盖

口袋

图 17-13

　　将所有裁片上的过程线删除，保留一些关键的线条，
检查每片的对位记号确保完整，然后作布纹线并备注裁
片名称。这里的裁片都为净版（图 17-13）。

18 落肩拐袖外套

（一）款式图（图18-1）

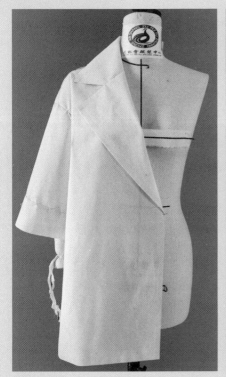

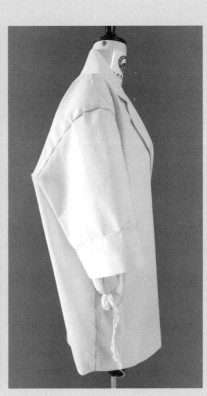

正视图　　　　　　　　背视图　　　　　　　　侧视图

图18-1

（二）样板规格（表18-1）

表18-1 样板规格表（单位：cm）

衣长	胸围	肩宽	袖长	袖口围	摆围	总领宽	领座a	领面b
78	120～125	40	50	43～44	120	13	4	9

学习重点

1. 拐袖的结构制图方法。

2. 落肩袖（肩压袖）时袖山弧线和袖窿弧线的差值
以及处理方式。

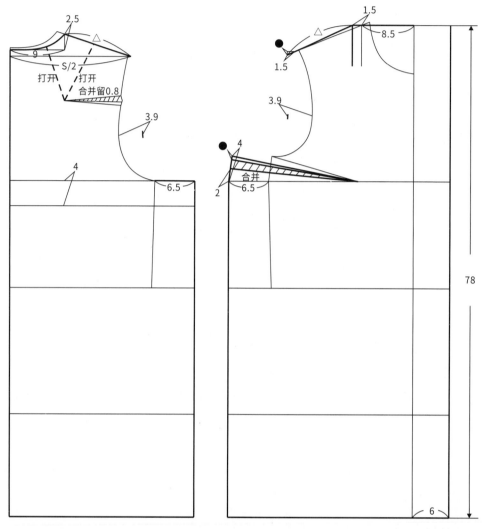

图 18-2

（步骤1 ～ 11见图18-2）

1. 臀围线：以女装平面通用原型为基础，自腰围线水平向下20cm画水平线作为臀围线。

2. 前后领口：后领宽9cm，领深2.5cm，画顺后领口弧线；前领宽9cm，画垂直线为前领宽线。

3. 侧缝：以原型为基础向外扩6.5cm。

4. 搭门线：在前中线右侧6cm处画平行线。

5. 衣长：从新的颈侧点向下量取衣长78cm。

6. 胸/背宽：在原型基础上，胸围每增加1cm，胸/背宽增加0.6cm。按此比例来算，胸/背宽需增加3.9cm。

7. 前胸省：省线延长，重新量取省量为4cm，连接新省线。

8. 后肩宽：从后中线向右量取S/2画水平线，与肩线延长线相交于新的后肩点，量取新的后肩长为△。

9. 前肩宽及撇胸量：延长前肩线并取新的后肩长△找到一点，颈侧点向左1.5cm为撇胸量，连接该点与肩线延长线端点并延长1.5cm，得到新的肩点。新肩点与延长线端点之间的落差量为●，在胸省处下落相同的量。

10. 袖窿深：在原型基础上，胸围每增加1cm，袖窿深增加0.5cm。按此比例来算，胶下点需下降2.5cm；由于是宽松款，袖窿深还需增加一点，该款式的总下降量为4cm。

11. 前片起翘：胶下点起翘2cm，连接BP点为新的胸围线。*注：起翘一般用在宽松大廓形款，相当于把省量放到下摆处处理掉。*

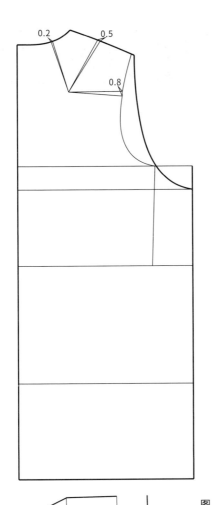

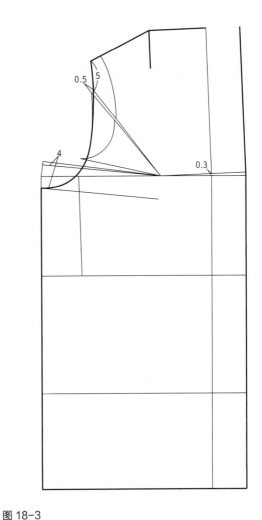

图 18-3

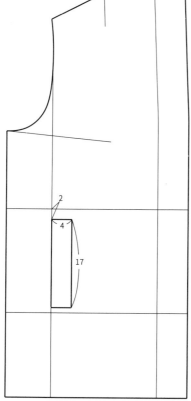

图 18-4

（*步骤 12、13 见图 18-3*）

12. 后片省的处理：合并肩省留 0.8cm 的量，将剩余量转移到领口 0.2cm 以及肩缝 0.5cm，并修顺袖窿弧线。

13. 前片省的处理：合并胸省处的阴影部分（图 18-2），暂时转移到前中胸围线处。袖窿深从胸围线处平行下落 4cm 得到新的腋下点。连接肩点、胸宽点以及腋下点并修顺袖窿弧线。从肩点向下，在袖窿弧线上量取 5cm 得一点，连接该点和 BP 点，并将前中省转移到这里一部分，打开的量不可超过 0.5cm，并修顺袖窿。

14. 袋盖：垂直于腰围线作袖窿弧线的切线，从腰围线向下 2cm 定袋盖上边缘线，袋盖尺寸为宽度 4cm，长度 17cm（图 18-4）。

领子制图步骤

一、领子的基本参数

总领宽：13cm

领座 a：4cm

领面 b：9cm

倒伏量：1.5(b-a)

二、领子的基本制图步骤

（步骤 1 ~ 7 见图 18-5a）

1. 翻折线：从新颈侧点向右平移 0.7a 得到一点，连接该点至腰围线与搭门线的交点并向上作延长线。

2. 倒伏量：从翻折线向左 0.9a 画平行线，与肩线相交于 A 点。从 A 点向上，在平行线上量取总领宽 13cm 得到一点，过该点向左侧作垂线，垂线长为 1.5(b-a)，连接 A 点与垂线尾端并向上延长，在这条延长线上量取后领口弧线长 -0.2cm 得到 B 点。过 B 点向右作垂线，垂线长为总领宽 13cm，得到 C 点。

3. 串口线：从颈侧点向下，在领宽线上量取 6.5cm 得一点，从前中线向下 7.5cm 得一点，连接两点画一条斜线作为串口线。在翻折线右侧作垂线并与串口线相交，在垂线上取驳头宽 13cm，驳头宽点与翻折点连直线。

4. 领嘴：从串口线驳头宽点向里量取 8.5cm（8 ~ 8.5cm）为绱领点，领头长为 8.5cm（8 ~ 8.5cm），领嘴角度为 45°（40° ~ 45°），得到 D 点。

5. 领外口弧线：连接 C 点、D 点作弧线，并保证 C 点、D 点处为直角。

6. 驳头线：串口线驳头宽点与翻折点连弧线，弧度深为 0.5cm。

7. 领口线：从领宽线与串口线的交点向右量取 1cm 得一点，颈侧点与该点连弧线为大身领口弧线；然后修顺领下口弧线并与大身领口弧线相切。

三、分小领

（步骤 1 ~ 5 见图 18-5b）

1. 在后中线上量取 3cm 得一点，从领下口弧线前端点向里量取 2.2cm 得一点，画弧线连接两点并保证颈侧点与弧线之间的距离不小于 2.8cm。

2. 从后中线向右依次间隔 3cm 作平行线，其中应有一条线经过颈侧点。如果没有一条线经过颈侧点，可微调一下距离。

3. 先沿弧线剪开小领，再沿每条平行线依次剪开并合并，合并量分别为 0.1cm（0.1 ~ 0.2cm）、0.1cm（0.1 ~ 0.2cm）、0.3cm（0.3 ~ 0.4cm）和 0.2cm（0.2 ~ 0.3cm）。因为领宽较大弧线较长，按照原先的合并量不能保证领座起翘量在 1 ~ 1.5cm 之间，所以需要在弧度偏大的地方继续合并，直到起翘量在 1 ~ 1.5cm 之间（如图所示，新增加的剪开位置及合并量为经验值，具体根据不同面料特性而定），合并后修顺弧线。

4. 将上领沿每条平行线依次剪开并合并，每处合并量都比小领大 0.1cm，由于领座合并量增加，所以翻领对应的合并量也需要增加，分别为 0.4cm、0.4cm、0.5cm 和 0.4cm，合并后修顺弧线。

5. 对位记号：从前端向左量取 4cm 做对位记号，从后中向右量取 8cm 做对位记号。这里的 4cm 和 8cm 不是固定值，只要保证两个对位记号间的距离为 4 ~ 5cm 即可。对位记号中间部分的翻领需要拔开。

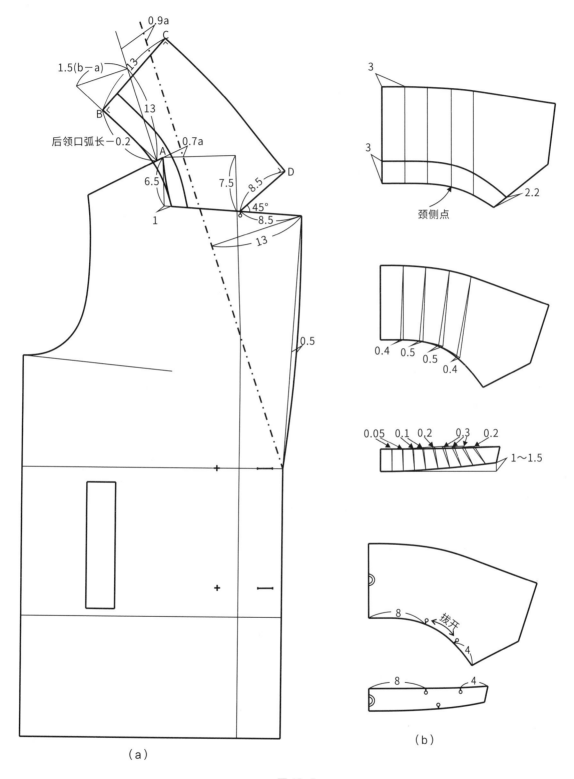

0.9a

1.5(b－a)

13

C

B

13

后领口弧长－0.2

A

0.7a

6.5

7.5

8.5

1

45°

D

8.5

13

0.5

（a）

3

3

颈侧点

2.2

0.4 0.5 0.5 0.4

0.05 0.1 0.2 0.3 0.2

1～1.5

8

拔开

4

8

4

（b）

图18-5

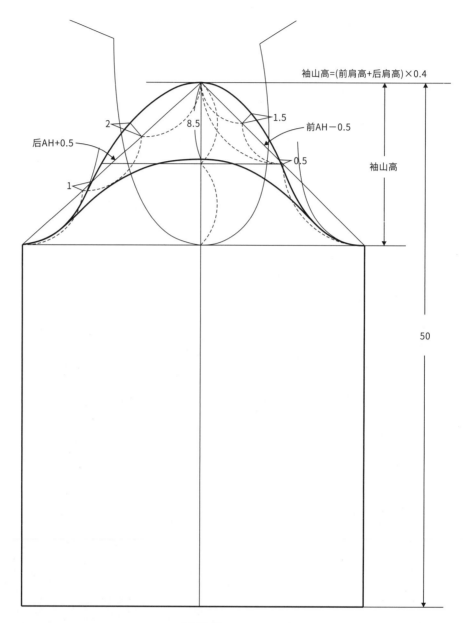

袖山高＝(前肩高+后肩高)×0.4

2

后AH+0.5

8.5

1.5

前AH−0.5

0.5

袖山高

1

50

图 18-6

（步骤1 ~ 8见图18-6）

1. 基本框架：作水平线和垂直线相交成十字，复制衣身前后袖窿于垂直线左右两侧，并测量出对应的前AH、后 AH、前肩高和后肩高。*注：复制袖窿时需保证胸围线与水平线平齐。*

2. 袖山高：袖山高 ＝（前肩高 + 后肩高）×0.4。

3. 袖长：从袖山高点垂直向下取袖长作袖长线。

4. 前后袖山斜线：过袖山高点作前袖山斜线 = 前AH−0.5cm，后袖山斜线 = 后 AH+0.5cm。完成后，袖肥尺寸应在 39 ~ 40cm 之间。如果不在此区间内，需检查前后袖窿弧线的长度量取是否正确。

5. 前后袖山弧线：以前后袖山斜线与水平线的交点为基点复制衣身前后袖窿底。将前袖山斜线等分，从等分点向上 0.5cm 找一点；将等分点上方的斜线再次等分，从这次的等分点向斜线上方作垂线并在垂线上取 1.5cm 找一点；连接袖山高点、1.5cm 点、0.5cm 点及袖肥点作为前袖山弧线。将后袖山斜线三等分，从第二个三等

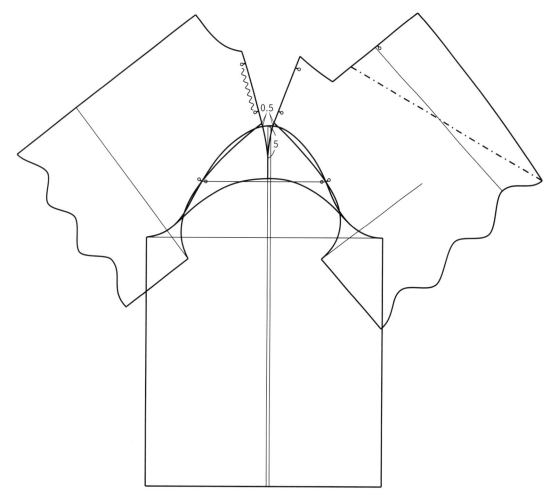

图 18-7

分点向上 1cm 找一点；从第一个三等分点向斜线上方作垂线并在垂线上取 2cm 找一点；连接袖山高点、2cm 点、1cm 点以及袖肥点作为后袖山弧线。*注：后袖底弧线与后袖窿底弧线基本保持重合，前袖底弧线与前袖窿底弧线重合量在 2.5cm 以内。*

6. 袖口：分别从前后袖肥点向下作垂直线与袖长线相交，两交点之间的距离为袖口围，尺寸与袖肥围度一致。

7. 袖山吃量：检查吃量，前后袖山总吃量为 2.5cm，前后分配比例为前 40%，后 60%。

8. 落肩：从袖山高点向下 8.5cm 找一点确定落肩位置，该点到前后袖山弧线连弧线并修顺。

（步骤 9、10 见图 18-7）

9. 袖子与大身对位：量取从腋下点到袖山高中线与袖山弧线交点的袖山弧线长度，并在大身袖窿弧线上取相同长度做对位记号。对齐记号点将大身拼在袖子上，并保证前后肩点到袖山弧线的垂直距离都不超过 0.5cm。拼完后前后肩点之间的距离应在 2 ~ 2.5cm 范围内。一般情况下，后肩点到袖山高点的距离与前肩点到袖山高点的距离比值为 1 ~ 1.5，如果不在此范围内，可以微调袖山高点的位置。

10. 肩缝省：从袖山高点向下量取 5cm（4 ~ 5cm）为肩缝省长，连接并修顺肩缝至落肩分割线处。

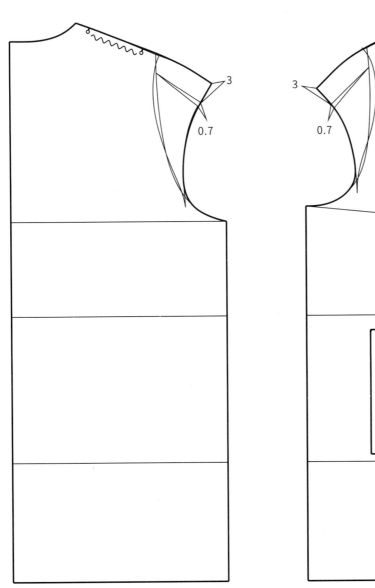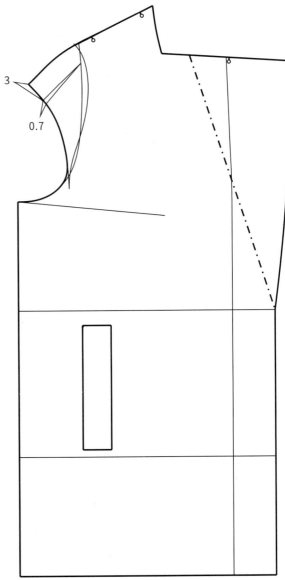

图 18-8

（步骤 11、12 见图 18-8）

11. 将落肩部分的借袖量补至大身并修顺袖窿弧线。

12. 袖窿的处理：因为落肩款的工艺为肩压袖，所以袖窿弧线需要比袖山弧线长 0.5～1cm。测量后发现，袖窿弧线比袖山弧线短，所以需要调整。调整方法分三步：1）从肩缝向下在前后袖窿弧线上各取 3cm（2～3cm）并打开 0.7cm（0.5～0.7cm），然后修顺肩缝和袖窿弧线。2）如果第一步操作完袖窿弧线仍比袖山弧线短，可降低袖山高并修顺袖山弧线，袖山高的降低量不可超过 0.7cm。3）如果仍然不够，可以通过减小袖肥尺寸来缩短袖山弧线，即沿袖中线剪开并合并，合并量不可超过 1cm。该款式为拐袖，在制版过程中袖窿弧线与袖山弧线的长度差值会有变化，所以暂时操作到第一步即可。

（步骤 13、14 见图 18-9）

13. 后片出拐袖位置的确定：垂直于胸围线向后片袖窿弧线作切线，从胸围线向下 2cm 作平行线并与切线相交得一点；下摆处从侧缝向左量取 2cm 得一点；直线连接原肩点和交点、交点和 2cm 点以及交点和腋下点，这三条线为展开线。

14. 袖子出拐袖位置的确定：在后片上量取切点到腋下点的袖窿弧线长度为●，在袖山弧线上取相同长度●并向下作垂线为展开线。

（步骤 15～18 见图 18-10）

15. 后片拐袖处理：沿虚线剪开，下摆至腋下部位的打开量为 16cm，肩点至腋下部位的展开线延长后与 16cm 线相交于其中点。然后在延长线右侧找角平分线，并在角平分线上取 1.5cm，新肩点、1.5cm 点和新腋下点连弧线。

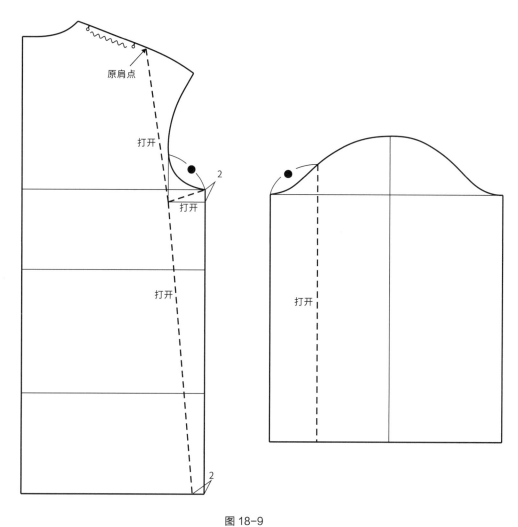

原肩点

打开

打开 2

打开

打开 2

图 18-9

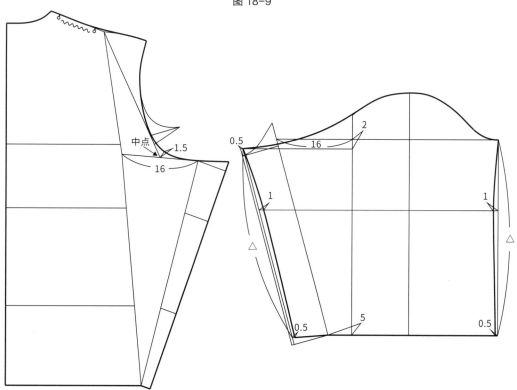

中点 1.5

16

0.5 2

16

1 1

△ △

0.5 5 0.5

图 18-10

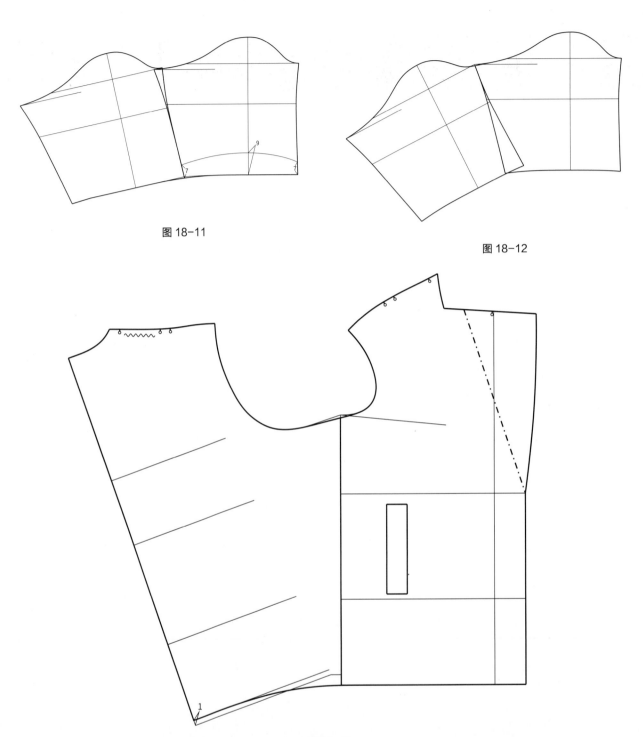

图 18-11

图 18-12

图 18-13

16. 袖片拐袖的处理：后袖肥线下落 2cm；沿展开线剪开袖片，袖肥处打开 16cm，袖口处打开 5cm；连接袖山高点、袖缝与新袖肥线延长线的交点并修顺弧线。

17. 检查新袖山弧线和袖窿弧线的长度，袖窿弧线应至少比袖山弧线长 0.5cm。测量后发现两者长度相同，所以后袖缝从袖肥到袖口处需整体向右平移 0.5cm。

18. 量取前袖袖缝长度为△，在后袖袖缝取相同长度。袖肘线处袖缝向里收 1cm，袖口处袖缝向里收 0.5cm，并修顺弧线。

19. 修袖口线和作袖口拼：对齐袖口将袖缝拼在一起并修顺袖口弧线。在前后袖缝各处取 7cm，袖中线处取 9cm，三点连弧线为袖口拼（图 18-11）。

20. 修顺袖山弧线：对齐腋下点将前后袖缝拼在一起并修顺袖山弧线（图 18-12）。

21. 修顺袖窿和下摆线：对齐腋下点将前后片拼在一起并修顺袖窿弧线，后片下摆线向上平移 1cm 并修顺下摆线（图 18-13）。

分片图

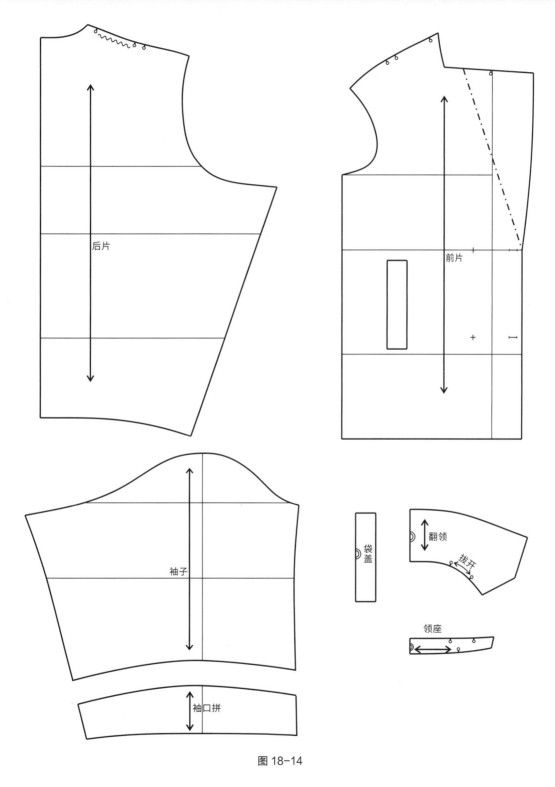

图 18-14

将所有裁片上的过程线删除，保留一些关键的线条，检查每片的对位记号确保完整，然后作布纹线并备注裁片名称。这里的裁片都为净版（图 18-14）。

（一）款式图（图19-1）

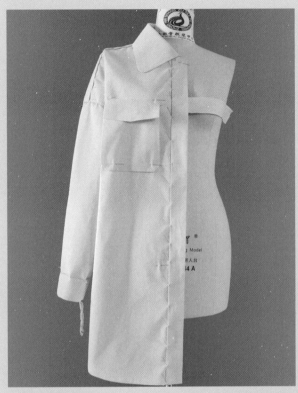

正视图

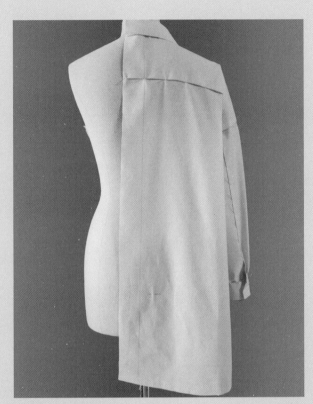

背视图

图19-1

（二）样板规格（表19-1）

表19-1 样板规格表（单位：cm）

衣长	胸围	袖长	袖口围	摆围	总领宽	领座 a	领面 b
90	119	46	22	128	10	4	6

学习重点

1. 大直线落肩袖的结构制图方法。
2. 关门领和过肩的结构制图方法。

衣身制图步骤

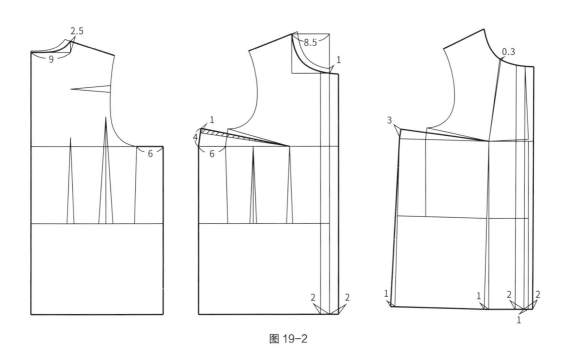

图 19-2

（步骤 1～8 见图 19-2）

1. 臀围线：以女装平面通用原型为基础，自腰围线水平向下 20cm 画水平线作为臀围线。

2. 前后领口：后领宽 9cm，领深 2.5cm，画顺弧线；前领宽 8.5cm，领深在原型基础上下落 1.5cm，画顺弧线。

3. 前门襟：在前中线左右两侧 2cm 处画平行线。

4. 侧缝：以原型为基础向外扩 6cm。

5. 胸省：以新侧缝为准，重新量取省量为 4cm。

6. 前片省的处理：胸省合并 1cm 的省量并暂时转移到前中胸围线处，将前中省量转移到领口 0.3cm，臀围处 1cm。

7. 新前门襟：臀围处从前中线向左量取 1cm 得一点，该点和前领深点连直线为新前中线，然后在左右两侧 2cm 处重新画平行线为新的前门襟。

8. 新侧缝线：臀围处从侧缝向外出 1cm 得一点，该点和腋下点连直线为新的侧缝（后片见图 19-4）。

（步骤 9、10 见图 19-3）

9. 前袖的确定：肩线延长 60cm 为袖长，从袖长线尾端向上量取 5cm 找一点，过 5cm 点向下作垂线并量取 16cm 为袖口线，5cm 为袖克夫宽度；从胸围线向下 7.5cm 画平行线并与新侧缝线相交于腋下点，连接袖口点和腋下点并延长 2cm 为袖底缝；量取前袖袖底缝长度为 △。从肩点向下 15cm 找一点，15cm 点和腋下点连弧线为袖窿弧线；从 15cm 点向上 1cm 找一点，1cm 点和 2cm 点连弧线为袖山弧线；袖窿弧线和袖山弧线在袖底处的间隙为 0.4cm。

10. 衣长：根据款式设定从新颈侧点垂直向下 90cm。

（步骤 11、12 见图 19-4）

11. 后袖的确定：肩线延长 60cm 为袖长，从袖长线尾端向上量取 5cm 得一点，过 5cm 点向下作垂线并量取 15cm 为袖口线，5cm 为袖克夫宽度；从胸围线向下 7.5cm 画平行线并与新侧缝线相交于腋下点，连接袖口点和腋下点并延长至前袖袖底缝相同长度 △。从肩点向下 15cm 找一点，15cm 点和腋下点连弧线为袖窿弧线；从 15cm 点向上 1cm 找一点，1cm 点和袖底缝端点连弧线为袖山弧线；袖窿弧线和袖山弧线在袖底处的间隙为 0.8cm。

12. 新后中线：后中腰围处向里 1cm 找一点，后领中与该点连直线为新的后中线。

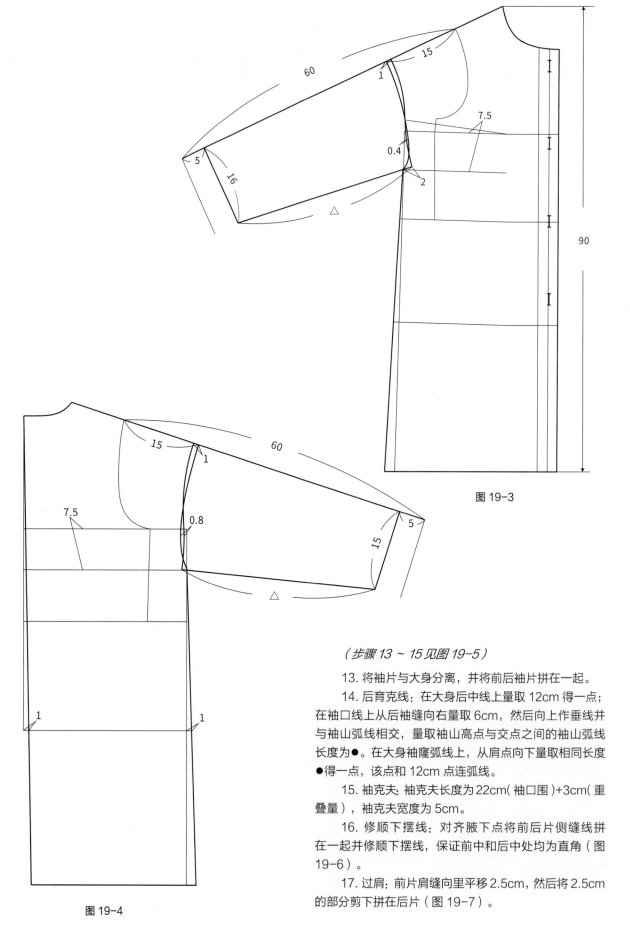

图 19-3

图 19-4

（步骤 13 ~ 15 见图 19-5）

13. 将袖片与大身分离，并将前后袖片拼在一起。

14. 后育克线：在大身后中线上量取 12cm 得一点；在袖口线上从后袖缝向右量取 6cm，然后向上作垂线并与袖山弧线相交，量取袖山高点与交点之间的袖山弧线长度为●。在大身袖窿弧线上，从肩点向下量取相同长度●得一点，该点和 12cm 点连弧线。

15. 袖克夫：袖克夫长度为 22cm（袖口围）+3cm（重叠量），袖克夫宽度为 5cm。

16. 修顺下摆线：对齐腋下点将前后片侧缝线拼在一起并修顺下摆线，保证前中和后中处均为直角（图 19-6）。

17. 过肩：前片肩缝向里平移 2.5cm，然后将 2.5cm 的部分剪下拼在后片（图 19-7）。

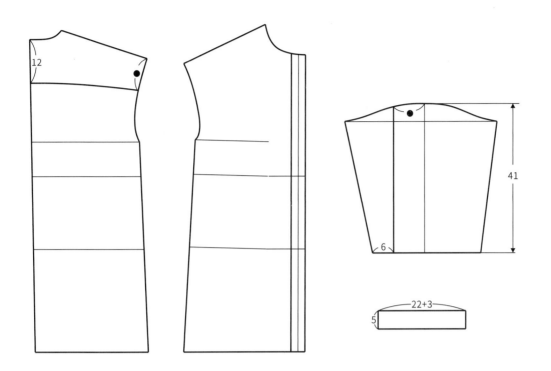

图 19-5

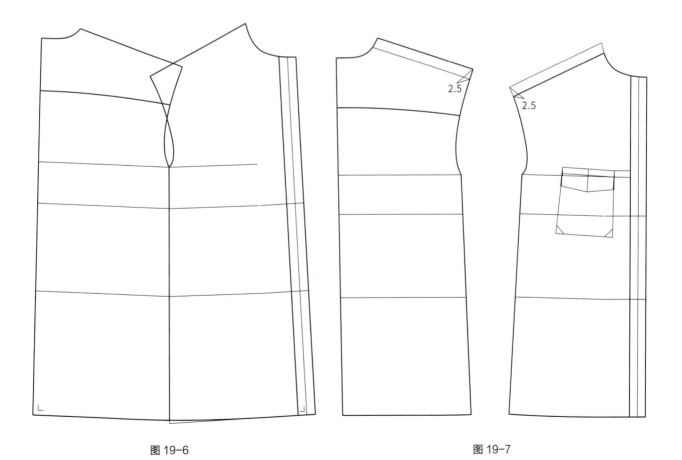

图 19-6   图 19-7

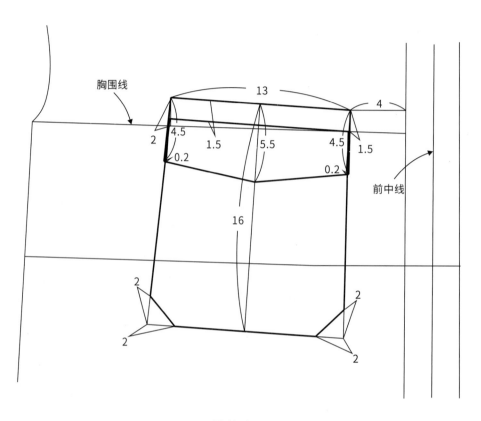

图 19-8

（步骤 18、19 见图 19-8）

　18. 胸口袋袋盖：在胸围线上，从左侧门襟线向左量取 4cm 找一点，袋盖上边缘右侧端点到胸围线的垂直距离为 1.5cm，左侧端点到胸围线的垂直距离为 2cm，袋盖上边缘线长度为 13cm。过袋盖中点向下作 5.5cm 长的垂线得一点；过 1.5cm 点和 2cm 点分别向下作 4.5cm 长的垂线并分别向外延伸 0.2cm 得两点；直线连接 1.5cm 点、2cm 点、两个 0.2cm 点和 5.5cm 点为袋盖。*注：袋盖两端向外延伸 0.2cm 的原因是一般情况下裁片车缝完之后视觉效果会变小，因此需提前将量加出来，车缝完之后视觉效果刚刚好。*

　19. 胸口袋：从袋盖上边缘线向下 1.5cm 作平行线为口袋上边缘线，向下 16cm 作平行线确定口袋深度，从袋盖两侧向里 0.2cm 作平行线确定口袋宽度，延伸并连接各线段。口袋下角每边各收 2cm。

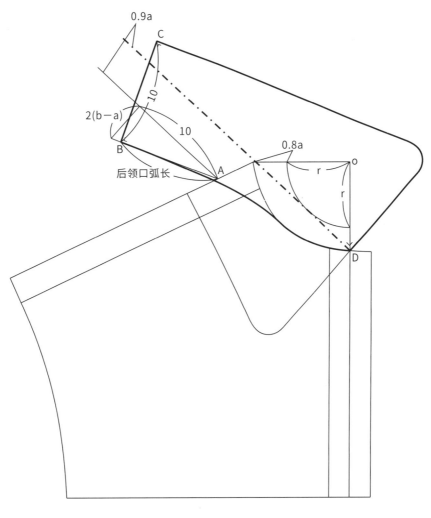

图 19-9

一、领子的基本参数

总领宽：10cm
领座 a：4cm
领面 b：6cm
倒伏量：2(b-a)

二、领子的基本制图步骤

（步骤 1 ~ 3 见图 19-9）

1. 翻折线：从颈侧点向右平移 0.8a 并量取领宽剩余量为 r= 前领宽 -0.8a；以 O 点为圆心，r 为半径作

1/4 圆，从前领深点向 1/4 圆作切线。

2. 倒伏量：从翻折线向左 0.9a 画平行线，与肩线相交于 A 点。从 A 点向上，在平行线上量取总领宽 10cm 并向左侧作垂线，垂线长为 2(b-a)，连接 A 点与垂线尾端并向上延长，在这条延长线上量取后领口弧长得到 B 点。过 B 点作垂线，垂线长为总领宽 10cm，得到 C 点。

3. 领外口弧线：C 点到 D 点之间根据造型作领外口弧线，并保证 C 点、D 点处为直角。若领型不好把控，可以按照造型需要先将领子的形状画出来，再以翻折线为对称轴复制领外口弧线。

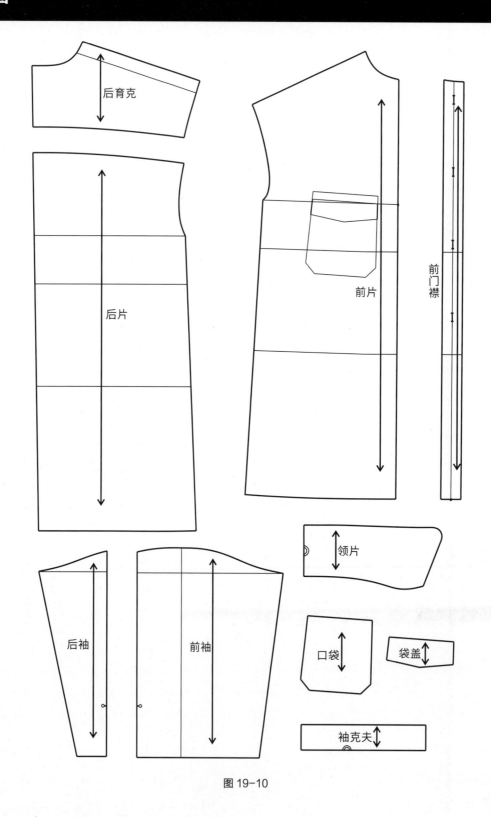

图 19-10

　　将所有裁片上的过程线删除，保留一些关键的线条，
检查每片的对位记号确保完整，然后作布纹线并备注裁
片名称。这里的裁片都为净版（图 19-10）。

下装篇

20 西裤

（一）款式图（图20-1）

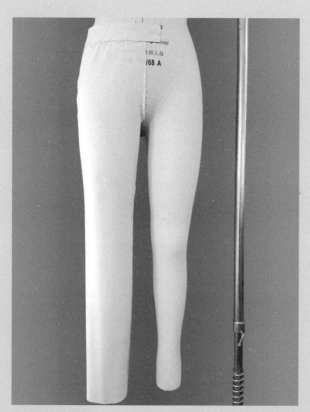

正视图

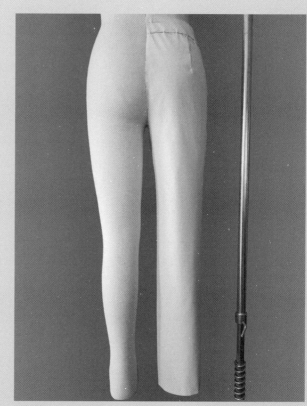

背视图

图20-1

（二）样板规格（表20-1）

表20-1 样板规格表（单位：cm）

裤长	臀围	腰围	立裆深	膝围	脚口围
100	94	74	25	46	44

学习重点

1. 前后腰处理方法。
2. 后片提臀处理。

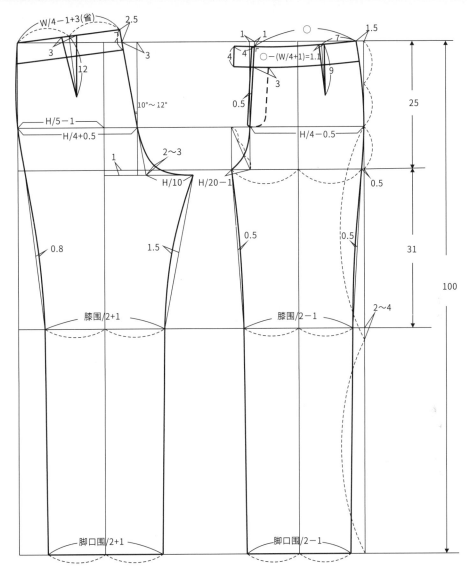

图 20-2

（步骤 1 ~ 26 见图 20-2）

1. 腰围线：作水平线和垂直线，该水平线为腰围线。

2. 横裆线：从腰围线向下平移 25cm 为横裆线。

3. 臀围线：将腰围线到横裆线之间的距离三等分，过第二个三等分点作水平线为臀围线。

4. 脚口线：在垂直线上量取裤长 100cm，并作水平线为脚口线。

5. 膝围线：在垂直线上取臀围线到脚口线的中点并向上移 2 ~ 4cm 作水平线为膝围线，也可以从横裆线向下平移 31cm 作为膝围线。膝围线并不是固定不变的，可根据款式上提。

6. 前臀宽线：在臀围线上量取 H/4-0.5cm 得到一点，过该点作垂线。

7. 小裆宽：从横裆线和前臀宽线的交点向左量取 H/20-1cm 为小裆宽。

8. 前裆弧线：从小裆宽点向上作垂线交于臀围线，连接对角线并三等分；腰围处从臀宽线向里进 1cm，连接该点、臀宽点、第二个三分等分点以及小裆宽点为前裆弧线。

9. 前裤中线：横裆线上从外侧边向里进 0.5cm 得到一点，将 0.5cm 点与小裆宽点之间的距离平分，过中点作垂直线，该垂直线为裤中线。

10. 前膝围：前膝围 = 膝围/2-1cm，将计算结果平分到裤中线两侧的膝围线上。

11. 前脚口：前脚口 = 脚口围/2-1cm，将计算结果平分到裤中线两侧的脚口线上。

12. 前内侧缝：脚口线端点到膝围线端点连直线，膝围线端点到小裆宽点连弧线，弧线深度为0.5cm。

13. 前外侧缝：脚口线端点到膝围线端点连直线，膝围线端点到横裆线上0.5cm点连弧线，弧线深度为0.5cm；腰围线处向里收1.5cm，连接该点、臀围线端点、横裆线上0.5cm点并向下画顺至膝围线。

14. 前腰口线：前中下落1cm得一点，连接至外侧缝并画顺弧线，保证前中处为直角。

15. 前腰头：前腰口线向下平移4cm为腰头高，前腰头向前延伸4cm为底襟量。前门襟压线距离前裆线3cm。前裆线向左平移0.5cm为右片延伸量，保证前裆拉链拉好之后不会外露。

16. 前腰省：前腰口线长度为○，从外侧缝向里量7cm为前腰省中间点，省长为9cm，省量 = ○ － （W/4+1cm）=1.1cm。

17. 向左延长前片所有水平线，并在左侧作垂直线，以此为基础画后片。

18. 后臀宽线：在臀围线上量取后臀宽为H/4+0.5cm，然后过臀围线作垂直交于腰围线。

19. 落裆线与困势线：从横裆线向下1cm作平行线为落裆线。从臀宽线与腰围线的交点向里量3cm找一点，连接3cm点与臀围线和臀宽线交点并向下延伸至落裆线为后困势线；也可以过臀围线与臀宽线的交点量取10°～12°作斜线为困势线。

20. 后裆弧线：困势线向上延长2.5cm为起翘量；在落裆线上从困势线交点向前量取H/10为后裆宽；然后找到两条线之间夹角的角平分线，在角平分线上量取2～3cm；经过该点连接后裆宽点、臀围点以及2.5cm起翘点并画顺后裆弧线。

21. 后腰：从后裆线起翘点量取W/4-1cm+3cm（省量）作线段并与腰围线相交为腰口线。后腰口线向下平移4cm为腰头高。将腰口线平分，中点为后腰省中间点，省长为12cm，省量为3cm。

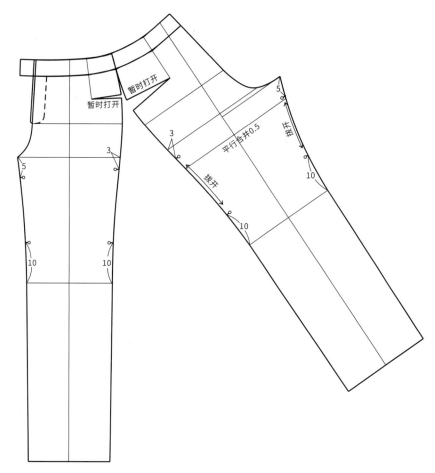

图 20-3

22. 后裤中线：从最左侧的垂直线向右量取H/5-1cm作垂直线。

23. 后膝围：前膝围 = 膝围/2+1cm，将计算结果平分到裤中线两侧的膝围线上。

24. 后脚口：后脚口 = 脚口围/2+1cm，将计算结果平分到裤中线两侧的脚口线上。

25. 后内侧缝：脚口线端点到膝围线端点连直线，膝围线端点到后裆宽点连弧线，弧线深度为1.5cm。

26. 后外侧缝：腰口线端点、臀围线端点和膝围线端点连弧线，弧度为0.8cm；脚口线端点到膝围线端点连直线；修顺整条外侧缝。

（步骤27、28见图20-3）

27. 修顺腰口：从前后省尖点向外侧缝画垂线，先暂时合并腰省将省量转移到此处，然后对齐外侧缝将前后片拼在一起并修顺腰头线，再合并侧缝省将省量重新转移到原腰省处。

28. 对位记号：内侧缝从裆底点向下5cm、膝围线向上10cm做对位记号，两记号中间部分的后片内侧缝需拔开。外侧缝从腰头开始对齐到横裆线并向下3cm做对位记号，从膝围线开始对齐到横裆线并从膝围线向上10cm做对位记号，两记号中间部分的后片外侧缝比前片长，会导致穿着后在后腿的位置有堆量。解决方法是从后片横裆线向下5～6cm作平行线，沿线剪开并平行合并0.5cm（有弹力的面料最多可以合并1.5cm），然后修顺大腿弧线。合并后要检查内侧缝记号间的距离，前大于后不超过1cm，可根据面料特性调整合并量，常规值约为1cm。如果前后内侧缝差值超过1cm，在后片合并的时候不一定要平行合并，内侧缝的合并量可以小一点或者不合并。

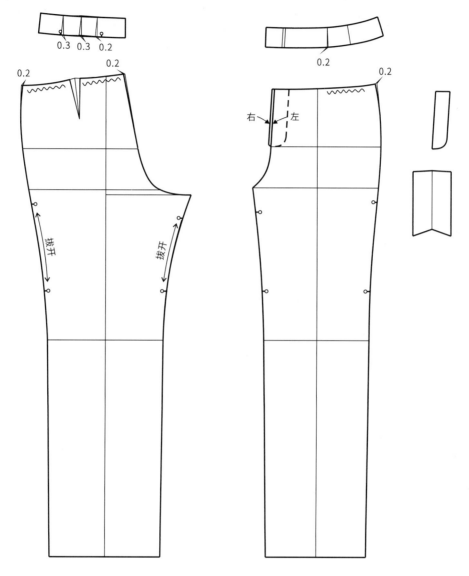

图 20-4

（步骤 29、30 见图 20-4）

29. 前后腰的处理：将腰头剪下。前片部分因为大身含有一个腰省，测量省耗为 0.6cm，所以大身腰部尺寸比腰头长 0.6cm，需要在大身侧缝收掉 0.2cm，缩缝 0.2cm，将前腰头打开 0.2cm。后片部分由于下腰口比上腰口尺寸大得多，会导致提臀效果不好，所以后腰头下口需要合并一些量让后腰头变直一些，常规合并量为 0.8cm（1cm 以内），这样会导致大身腰部尺寸比腰头长，需要在大身侧缝和后中分别收掉 0.2cm，省量增加 0.2cm，缩缝 0.2cm。

30. 底襟：宽度为 3.5cm，下侧作斜角，底襟需盖住门襟。

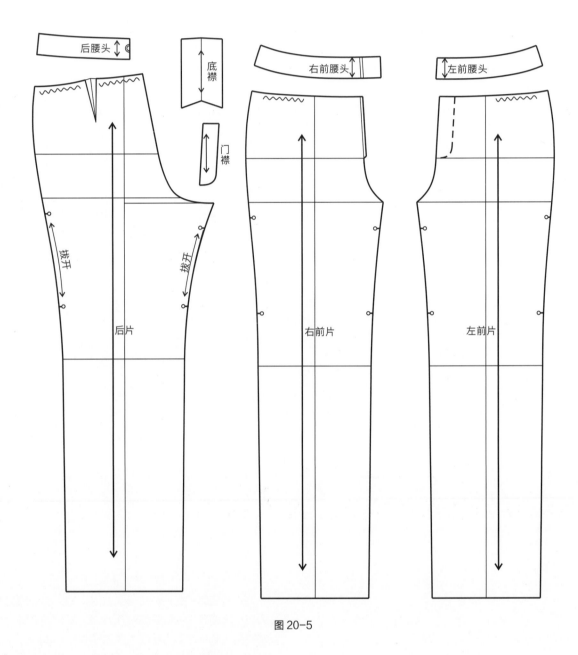

图 20-5

　　将所有裁片上的过程线删除，保留一些关键的线条，
检查每片的对位记号确保完整，然后作布纹线并备注裁
片名称。这里的裁片都为净版（图 20-5）。

21 短裤

（一）款式图（图21-1）

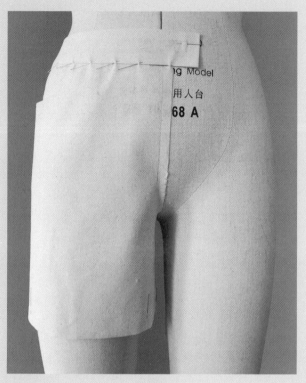

正视图　　　　　图21-1　　　　　背视图

（二）样板规格（表21-1）

表21-1 样板规格表（单位：cm）

裤长	臀围	腰围	立裆深	脚口围
34	94	74	25	56

学习重点

1. 前后腰的处理方法。
2. 短裤落裆和脚口与其他裤型的不同。

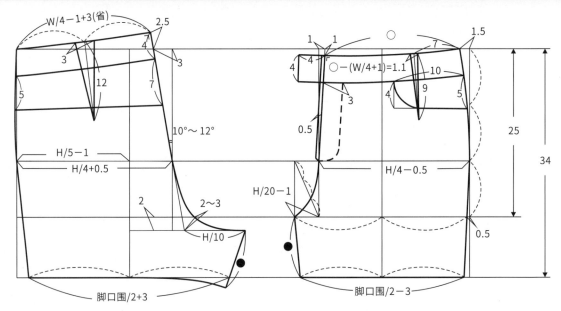

图 21-2

（步骤 1 ~ 26 见图 21-2）

1. 腰围线：作水平线和垂直线，该水平线为腰围线。

2. 横裆线：从腰围线向下平移 25cm 为横裆线。

3. 臀围线：将腰围线到横裆线之间的距离三等分，过第二个三等分点作水平线为臀围线。

4. 脚口线：在垂直线上量取裤长 34cm，并作水平线为脚口线。

5. 前臀宽线：在臀围线上量取 H/4-0.5cm 得到一点，过该点作垂线。

6. 小裆宽：从横裆线和前臀宽线的交点向左量取 H/20-1cm 为小裆宽。

7. 前裆弧线：从小裆宽点向上作垂线交于臀围线，连接对角线并三等分；腰围处从臀宽线向里进 1cm，连接该点、臀宽点、第二个三分等分点以及小裆宽点为前裆弧线。

8. 前裤中线：横裆线上从外侧边向里进 0.5cm 得到一点，将 0.5cm 点与小裆宽点之间的距离平分，过中点作垂直线，该垂直线为裤中线。

9. 前脚口：前脚口 = 脚口围 /2-3cm，将计算结果平分到裤中线两侧的脚口线上。

10. 前内侧缝：脚口线端点到裆底点连直线，测量前内侧缝长度为●。

11. 前外侧缝：腰围线处向里收 1.5cm 得到一点，连接该点、臀围线端点、横裆线上 0.5cm 点以及脚口线端点并修顺弧线。

12. 前腰口线：前中下落 1cm 得一点，连接至外侧缝并画顺弧线，保证前中处为直角。

13. 前腰头：前腰口线向下平移 4cm 为腰头高，前腰头向前延伸 4cm 为底襟量。前门襟压线距离前裆线 3cm。前裆线向左平移 0.5cm 为右片延伸量，保证前裆拉链拉好之后不会外露。

14. 前腰省：前腰口线长度为○，从外侧缝向里量 7cm 为前腰省中间点，省长为 9cm，省量 = ○ -（W/4+1cm）=1.1cm。

15. 前口袋：口袋宽度为 10cm，侧边深度为 5cm，前侧深度为 4cm，然后作圆角修顺。

16. 向左延长前片所有水平线，并在左侧作垂直线，以此为基础画后片。

17. 后臀宽线：在臀围线上量取后臀宽为 H/4+0.5cm，然后过臀围线作垂线交于腰围线。

18. 落裆线与困势线：从横裆线向下 2cm 作平行线为落裆线。从臀宽线与腰围线的交点向里量 3cm 找一点，连接 3cm 点与臀围线和臀宽线交点并向下延伸至落裆线为后困势线；也可以过臀围线与臀宽线的交点量取 10° ~ 12° 作斜线为困势线。

19. 后裆弧线：困势线向上延长 2.5cm 为起翘量；在落裆线上从困势线交点向前量取 H/10 为后裆宽；然后找到两条线之间夹角的角平分线，在角平分线上量取 2 ~ 3cm；经过该点连接后裆宽点、臀宽点以及 2.5cm 起翘点并画顺后裆弧线。

20. 后腰：从后裆线起翘点量取 W/4-1cm+3cm（省量）作线段并与腰围线相交为腰口线。后腰口线向下平移 4cm 为腰头高。将腰口线平分，中点为后腰省中间点，省长为 12cm，省量为 3cm。

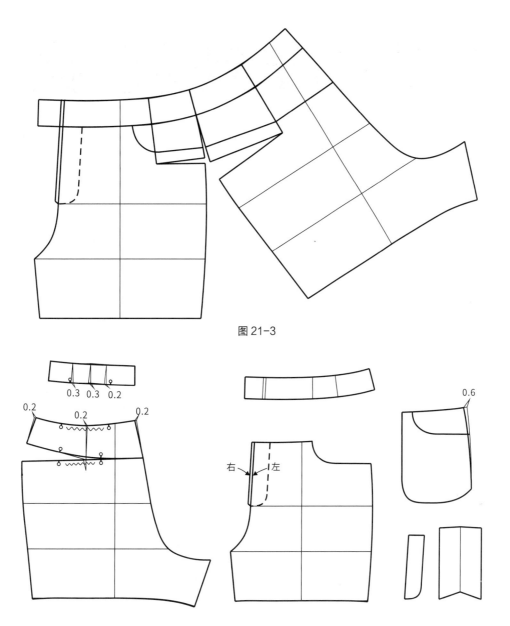

图 21-3

图 21-4

21. 后裤中线：从最左侧的垂直线向右量取 H/5-1cm 作垂直线。

22. 后脚口：后脚口 = 脚口围 /2+3cm，将计算结果平分到裤中线两侧的脚口线上。

23. 后内侧缝：脚口线端点到后裆宽点连直线并延伸至与前内侧缝同等长度●。

24. 后外侧缝：腰口线端点、臀围线端点和以及脚口线端点连弧线，修顺整条外侧缝。

25. 后育克线：从腰口线向下在后裆线上量取 7cm 得一点，在外侧缝上量取 5cm 得一点，两点连直线。

26. 后脚口线：脚口线两端点经过裤中线连弧线。

27. 修顺腰口：从前后省尖点向外侧缝画垂线，先暂时合并腰省将省量转移到此处，然后对齐外侧缝将前后片拼在一起并修顺腰头线，再合并侧缝省将省量重新转移到原腰省处（图 21-3）。

（步骤 28、29 见图 21-4）

28. 前后腰的处理：将腰头剪下。前片部分因为大身含有一个腰省，测量省耗为 0.6cm，所以大身腰部尺寸比腰头长 0.6cm，需要处理掉，可以在口袋侧边收掉 0.6cm。后片部分由于下腰口比上腰口尺寸大得多，会导致提臀效果不好，所以后腰头下口需要合并一些量让后腰头变直一些，常规合并量为 0.8cm（1cm 以内），这样会导致大身腰部尺寸比腰头长，需要在大身侧缝和后中分别收掉 0.2cm，合并育克省时在腰头处增加 0.2cm 省量，缩缝 0.2cm。将后育克下口弧线修顺，由于育克省已合并，但是大身处仍有省量，车缝时需要缩缝处理。

29. 底襟：宽度为 3.5cm，下侧作斜角，底襟需盖住门襟。

分片图

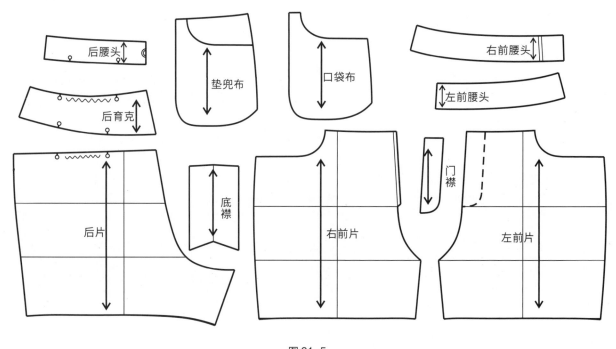

图 21-5

　　将所有裁片上的过程线删除，保留一些关键的线条，
检查每片的对位记号确保完整，然后作布纹线并备注裁
片名称。这里的裁片都为净版（图 21-5）。

22 萝卜裤

（一）款式图（图22-1）

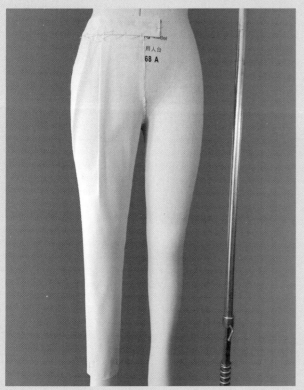

正视图

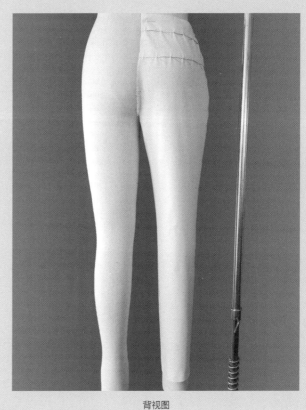

背视图

图 22-1

（二）样板规格（表22-1）

表22-1 样板规格表（单位：cm）

裤长	臀围	腰围	立裆深	中裆	脚口围
91	96	74	25	40	32

学习重点

1. 前片褶量的加法。
2. 前后腰的处理。
3. 后片提臀的方法。

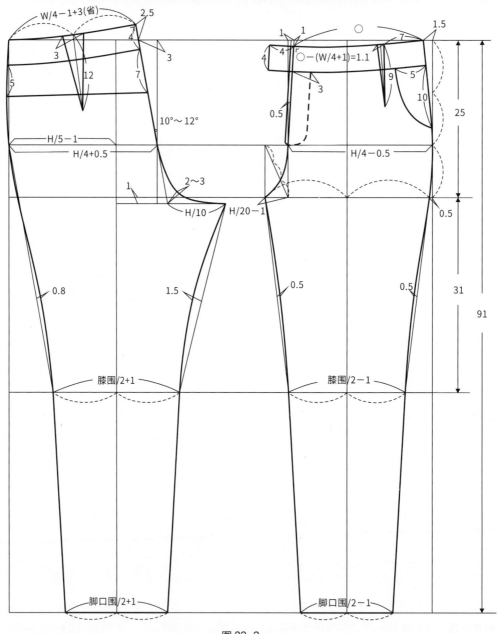

图 22-2

（步骤 1 ~ 28 见图 22-2）

1. 腰围线：作水平线和垂直线，该水平线为腰围线。

2. 横裆线：从腰围线向下平移 25cm 为横裆线。

3. 臀围线：将腰围线到横裆线之间的距离三等分，过第二个三等分点作水平线为臀围线。

4. 脚口线：在垂直线上量取裤长 91cm，并作水平线为脚口线。

5. 膝围线：在垂直线上取臀围线到脚口线的中点并向上移 2 ~ 4cm 作水平线为膝围线，也可以从横裆线向下平移 31cm 作为膝围线。膝围线并不是固定不变的，

可根据款式上提。

6. 前臀宽线：在臀围线上量取 H/4-0.5cm 得到一点，过该点作垂线。

7. 小裆宽：从横裆线和前臀宽线的交点向左量取 H/20-1cm 为小裆宽。

8. 前裆弧线：从小裆宽点向上作垂线交于臀围线，连接对角线并三等分；腰围处从臀宽线向里进 1cm，连接该点、臀宽点、第二个三分等分点以及小裆宽点为前裆弧线。

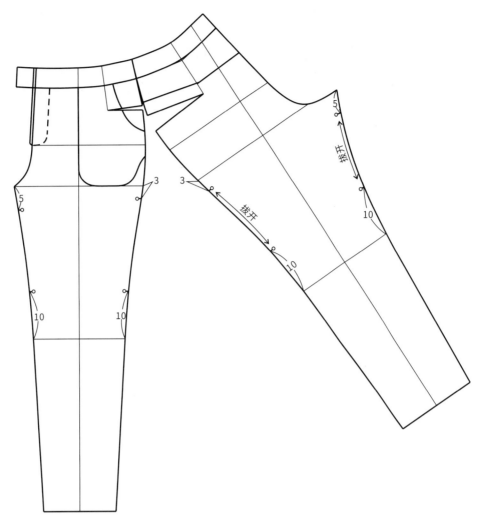

图 22-3

9. 前裤中线：横裆线上从外侧边向里进 0.5cm 得到一点，将 0.5cm 点与小裆宽点之间的距离平分，过中点作垂直线，该垂直线为裤中线。

10. 前膝围：前膝围 = 膝围 /2-1cm，将计算结果平分到裤中线两侧的膝围线上。

11. 前脚口：前脚口 = 脚口围 /2-1cm，将计算结果平分到裤中线两侧的脚口线上。

12. 前内侧缝：脚口线端点到膝围线端点连直线，膝围线端点到小裆宽点连弧线，弧线深度为 0.5cm。

13. 前外侧缝：脚口线端点到膝围线端点连直线，膝围线端点到横裆线上 0.5cm 点连弧线，弧线深度为 0.5cm；腰围线处向里收 1.5cm，连接该点、臀围线端点、横裆线上 0.5cm 点并向下画顺至膝围线。

14. 前腰口线：前中下落 1cm 得一点，连接至外侧缝并画顺弧线，保证前中处为直角。

15. 前腰头：前腰口线向下平移 4cm 为腰头高，前腰头向前延伸 4cm 为底襟量。前门襟压线距离前裆线 3cm。前裆线向左平移 0.5cm 为右片延伸量，保证前裆拉链拉好之后不会外露。

16. 前腰省：前腰口线长度为 ○，从外侧缝向里量 7cm 为前腰省中间点，省长为 9cm，省量 = ○ -

（W/4+1cm）=1.1cm。

17. 前口袋：口袋宽度为 5cm，口袋深度为 10cm，两点连弧线为袋开口弧线。

18. 向左延长前片所有水平线，并在左侧作垂直线，以此为基础画后片。

19. 后臀宽线：在臀围线上量取后臀宽为 H/4+0.5cm，然后过臀围线作垂线交于腰围线。

20. 落裆线与困势线：从横裆线向下 1cm 作平行线为落裆线。从臀宽线与腰围线的交点向里量 3cm 找一点，连接 3cm 点与臀围线和臀宽线交点并向下延伸至落裆为后困势线；也可以过臀围线与臀宽线的交点量取 10° ~ 12° 作斜线为困势线。

21. 后裆弧线：困势线向上延长 2.5cm 为起翘量；在落裆线上从困势线交点向前量取 H/10 为后裆宽；然后找到两条线之间夹角的角平分线，在角平分线上量取 2 ~ 3cm；经过该点连接后裆宽点、臀宽点以及 2.5cm 起翘点并画顺后裆弧线。

22. 后腰：从后裆线起翘点量取 W/4-1cm+3cm（省量）作线段并与腰围线相交为腰口线。后腰口线向下平移 4cm 为腰头高。将腰口线平分，中点为后腰省中间点，省长为 12cm，省量为 3cm。

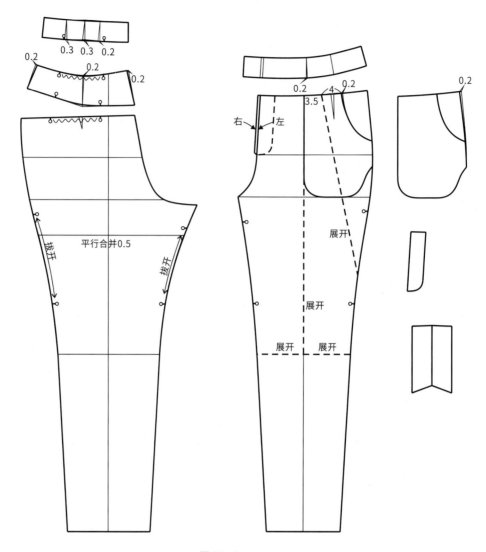

图 22-4

23. 后裤中线：从最左侧的垂直线向右量取 H/5-1cm 作垂直线。

24. 后膝围：前膝围 = 膝围 /2+1cm，将计算结果平分到裤中线两侧的膝围线上。

25. 后脚口：后脚口 = 脚口围 /2+1cm，将计算结果平分到裤中线两侧的脚口线上。

26. 后内侧缝：脚口线端点到膝围线端点连直线，膝围线端点到后裆宽点连弧线，弧线深度为 1.5cm。

27. 后外侧缝：腰口线端点、臀围线端点和膝围线端点连弧线，弧线深度为 0.8cm；脚口线端点到膝围线端点连直线；修顺整条外侧缝。

28. 后育克线：从腰口线向下在后裆线上量取 7cm 得一点，在外侧缝上量取 5cm 得一点，两点连直线。

（步骤 29、30 见图 22-3）

29. 修顺腰口：从前后省尖点向外侧缝画垂线，先暂时合并腰省将省量转移到此处，然后对齐外侧缝将前后片拼在一起并修顺腰头线，再合并侧缝省将省量重新转移到原腰省处。

30. 对位记号：内侧缝从裆底点向下 5cm、膝围线向上 10cm 做对位记号，两记号中间部分的后片内侧缝需拔开。外侧缝从腰头开始对齐到横裆线并向下 3cm 做对位记号，从膝围线开始对齐到横裆线并从膝围线向上 10cm 做对位记号，两记号中间部分的后片外侧缝比前片长，会导致穿着后在后腿的位置有堆量。解决方法是从后片横裆线向下 5 ~ 6cm 作平行线，沿线剪开并平行合并 0.5cm（有弹力的面料最多可以合并 1.5cm），然后修顺大腿弧线。合并后要检查内侧缝记号间的距离，前大于后不超过 1cm，可根据面料特性调整合并量，常规值约为 1cm。如果前后内侧缝差值超过 1cm，在后片合并的时候不一定要平行合并，内侧缝的合并量可以小一点或者不合并。

（步骤 31、32 见图 22-4）

31. 前后腰的处理：将腰头剪下。前片部分因为大身含有一个腰省，测量省耗为 0.6cm，所以大身腰部尺

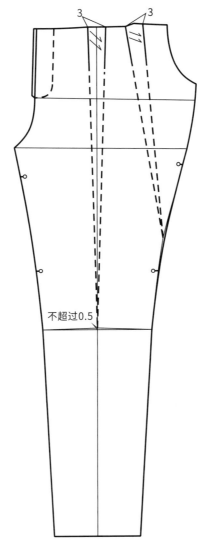

图 22-5

寸比腰头长 0.6cm，需要处理掉，可以在口袋侧边收掉 0.2cm，将前腰头打开 0.2cm，口袋侧边收掉 0.2cm。后片部分由于下腰口比上腰口尺寸大得多，会导致提臀效果不好，所以后腰头下口需要合并一些量让后腰头变直一些，常规合并量为 0.8cm（1cm 以内），这样会导致大身腰部尺寸比腰头长，需要在大身侧缝和后中分别收掉 0.2cm，合并育克省时在腰头处增加 0.2cm 省量，缩缝 0.2cm。将后育克下口弧线修顺，由于育克省已合并，但是大身处仍有省量，车缝时需要缩缝处理。

32. 底襟：宽度为 3.5cm，下侧作斜角，底襟需盖住门襟。

33. 前片褶的处理：第一条褶位线为斜线，在腰围处从口袋线向左量取 4cm 得一点，在外侧缝从膝围线向上取一点，两点连线为第一条褶线；第二条褶位线为裤中线，从腰围处到膝围处截止（褶的位置要根据款式设计而确定）。沿第一条褶位线剪开，腰口处打开 3cm；沿第二条褶位线剪开，膝围处从中点向两侧剪开，打开量不超过 0.5cm，腰头处打开 3cm。对折褶量倒向侧缝并修顺腰线，画出褶线及倒向，最后修顺外侧缝弧线（图 22-5）。

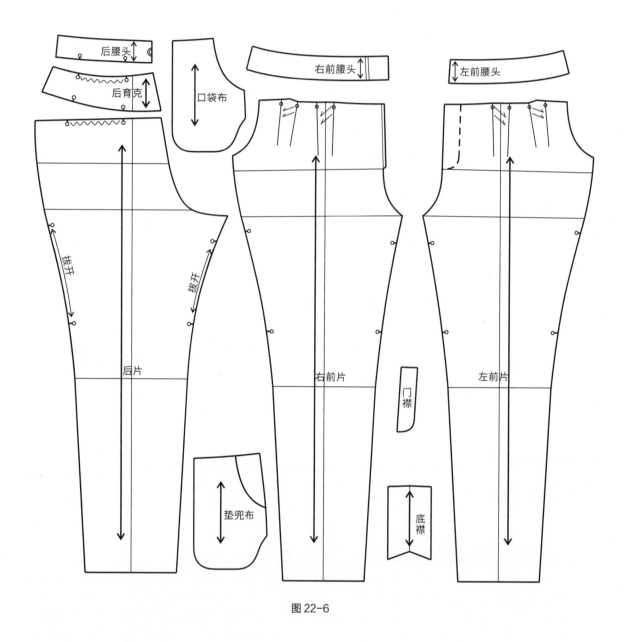

图 22-6

　　将所有裁片上的过程线删除，保留一些关键的线条，
检查每片的对位记号确保完整，然后作布纹线并备注裁
片名称。这里的裁片都为净版（图 22-6）。

23 一步裙

（一）款式图（图23-1）

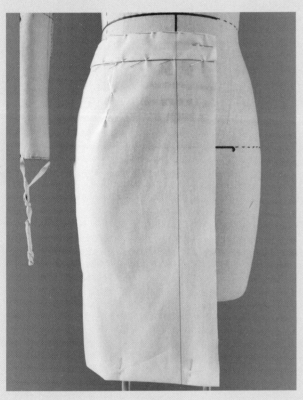

正视图　　　　　图23-1　　　　　背视图

（二）样板规格（表23-1）

表23-1 样板规格表（单位：cm）

裙长	腰围	臀围
55	72	94

学习重点

1. 裙下摆松量的加放。
2. 裙腰头的获取方法。

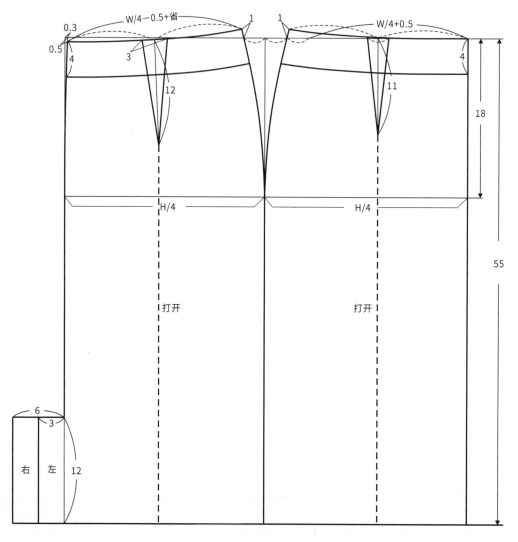

图 23-2

（步骤 1 ~ 13 见图 23-2）

1. 裙长线：按照裙长画一条垂直线为前中线。

2. 腰围线：过垂直线顶端作水平线为腰围线。

3. 臀围线：从腰围线向下 18cm 画水平线为臀围线。

4. 前臀宽线：从前中线向左量取 H/4 并作垂线为前臀宽线。

5. 前腰：从前中线向左，在腰围线上量取前腰围 W/4+0.5cm 找一点，将该点到前臀宽线的距离平分，中点到臀宽点连弧线并向上延长弧线 1cm 为腰线起翘，然后连接起翘点与前中点为前腰线。

6. 前中省：将前腰线弧长平分，中点为省中线端点，省量为 2.5cm（与侧腰位置平分后的距离相同），省长为 11cm。然后过省尖点垂直于臀围线向下作垂线至下摆为展开线。

7. 后中线：向左延长前片所有水平线，并在左侧作垂直线为后中线。

8. 后臀宽线：从后中线向右量取 H/4 并作垂线为后臀宽线。

9. 后侧缝：侧腰收的量同前片，起翘量为 1cm，然后作侧缝弧线。

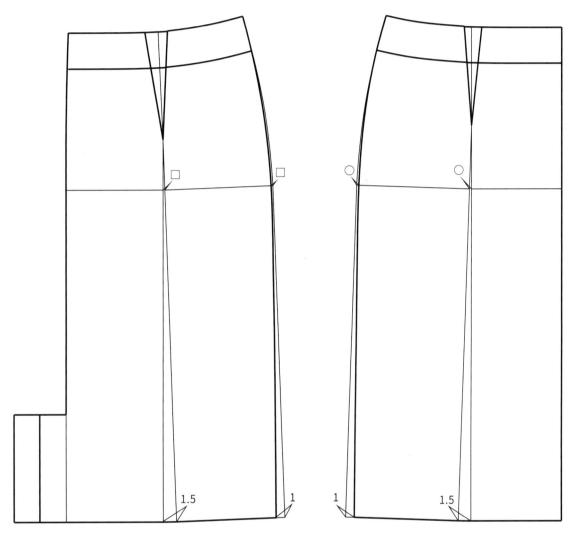

图 23-3

10. 后腰：腰围处从后中线向里收 0.3cm，再下降 0.5cm 找一点为后中腰线点，连接该点与起翘点并修顺弧线为后腰线。

11. 后片省：将后腰线弧长平分，中点为省中线端点，省量为后腰线弧长 -（W/4-0.5cm）得 3cm，省长为 12cm。然后过省尖点垂直于臀围线向下作垂线至下摆为展开线。

12. 腰头高：前后腰线向下平移 4cm 为腰头高。

13. 后开衩：开衩高为 12cm，左开衩宽为 3cm，右开衩宽为 6cm。

14. 展开量：沿前后展开线剪开，下摆处展开量为 1.5cm，侧缝收回 1cm。展开后臀围处会增加一部分量，需在侧缝处去掉相同的量，最后重新修顺侧缝（图 23-3）。

15. 修顺下摆线：将前后片侧缝拼在一起，修顺下摆弧线，保证下摆弧线在前中和后中处为直角（图 23-4）。

16. 修顺腰线：暂时将腰省合并，将前后片腰线拼在一起，然后修顺腰线（图 23-5）。

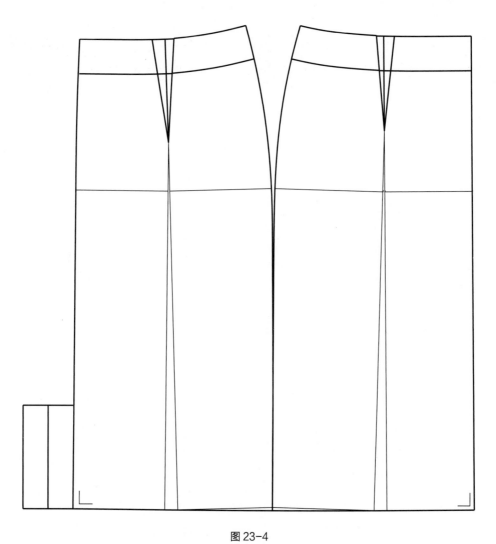

图 23-4

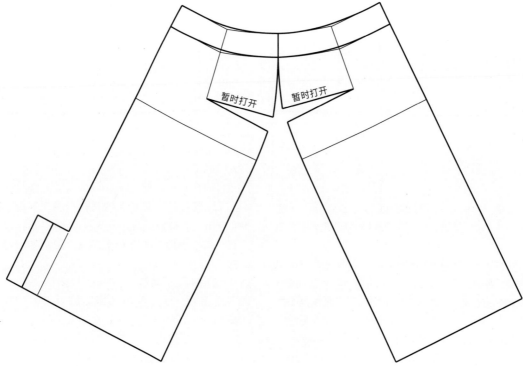

图 23-5

分片图

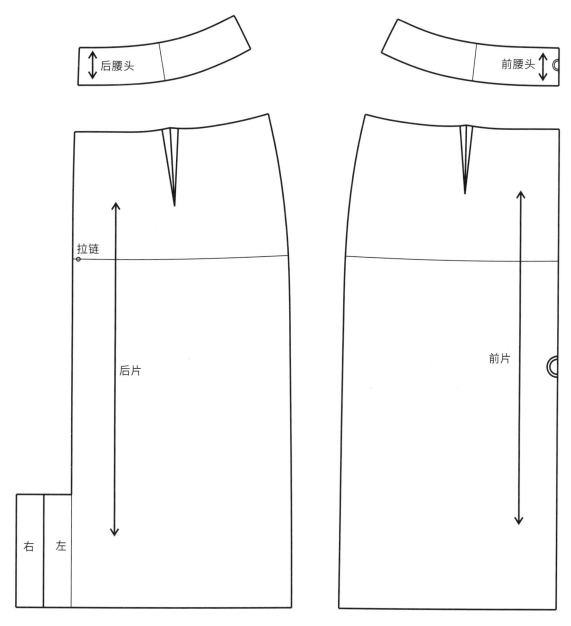

后腰头

前腰头

拉链

后片

前片

右 左

图 23-6

　　将所有裁片上的过程线删除,保留一些关键的线条,
检查每片的对位记号确保完整,然后作布纹线并备注裁
片名称。这里的裁片都为净版(图 23-6)。

24 鱼尾裙

（一）款式图（图24-1）

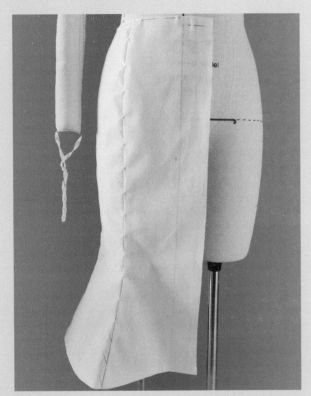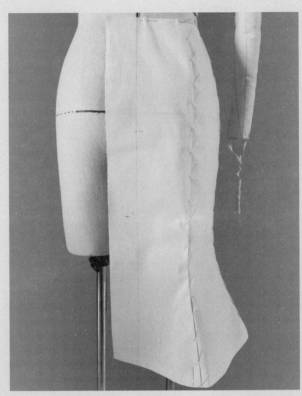

正视图 　　　　图24-1　　　　背视图

（二）样板规格（表24-1）

表24-1 样板规格表（单位：cm）

裙长	腰围	臀围
65	70	92

学习重点

1. 鱼尾裙出鱼尾的方法。
2. 分割线的确定。

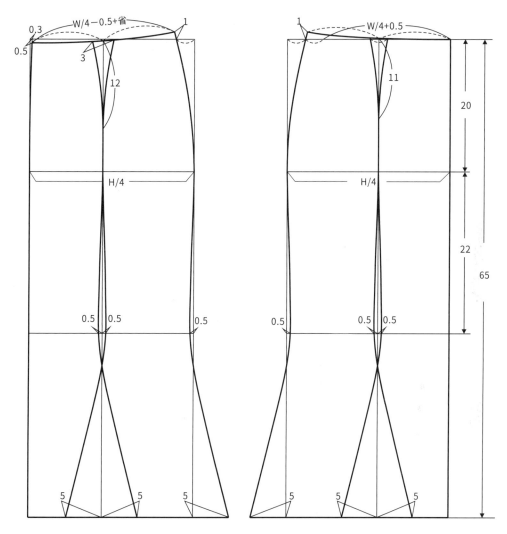

图 24-2

（步骤 1 ~ 14 见图 24-2）

1. 裙长线：按照裙长画一条垂直线为前中线。

2. 腰围线：过垂直线顶端作水平线为腰围线。

3. 臀围线：从腰围线向下 20cm 画水平线为臀围线。

4. 前臀宽线：从前中线向左量取 H/4 并作垂线为前臀宽线。

5. 前腰：从前中线向左，在腰围线上量取前腰围 W/4+0.5cm 找一点，将该点到前臀宽线的距离平分，中点到臀宽点连弧线并向上延长弧线 1cm 为腰线起翘，然后连接起翘点与前中点为前腰线。

6. 前中省：将前腰线弧长平分，中点为省中线端点，省量为 2.5cm（与侧腰位置平分后的距离相同），省长为 11cm（10 ~ 11cm）。

7. 前片分割线：过省尖点垂直于臀围线向下作垂线至下摆，臀围线向下 22cm 作平行线为出鱼尾位置线，鱼尾线处在垂线左右各收 0.5cm，下摆处在垂线左右各打开 5cm（下摆打开量要根据款式效果而定），然后从腰围线开始经省尖点、臀围线及 0.5cm 点连接到下摆 5cm 点并修顺弧线。

8. 前侧缝：鱼尾线处侧缝向里收 0.5cm，下摆处侧缝向外出 5cm，然后连接起翘点、臀宽点、0.5cm 点及 5cm 点，并修顺弧线为前侧缝线。

9. 后中线：向左延长前片所有水平线，并在左侧作垂直线为后中线。

10. 后臀宽线：从后中线向右量取 H/4 并作垂线为后臀宽线。

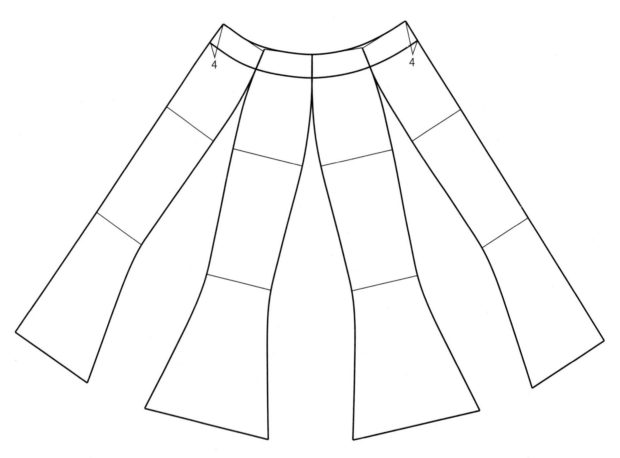

图 24-3

11. 后腰：侧腰收的量同前片，起翘量为 1cm；腰围处从后中线向里收 0.3cm，再下降 0.5cm 找一点为后中腰线点，连接该点与起翘点并修顺弧线为后腰线。

12. 后片省：将后腰线弧长平分，中点为省中线端点，省量为后腰线弧长 −（W/4−0.5cm）得 3cm，省长为 12cm（11 ~ 12cm）。

13. 后片分割线：过省尖点垂直于臀围线向下作垂线至下摆，臀围线向下 22cm 作平行线为出鱼尾位置线，鱼尾线处在垂线左右各收 0.5cm，下摆处在垂线左右各打开 5cm，然后从腰围线开始经省尖点、臀围线及 0.5cm 点连接到下摆 5cm 点并修顺弧线。

14. 后侧缝：鱼尾线处侧缝向里收 0.5cm，下摆处侧缝向外出 5cm，然后连接起翘点、臀宽点、0.5cm 点及 5cm 点，并修顺弧线为后侧缝线。

15. 修顺腰线：将裁片分成后中片、后侧片、前侧片及前中片，将各裁片从臀围线处开始对齐至腰围线，然后修顺腰围线。该款为连腰款，需要在内侧配腰贴，腰贴宽为 4cm，从腰围线向下 4cm 画平行线（图 24-3）。

16. 修下摆线：将各裁片从出鱼尾处开始对齐至下摆，然后修顺下摆弧线（图 24-4）。

17. 拉链记号：后中臀围线的位置为拉链止点，在臀围线处做对位记号（图 24-5）。

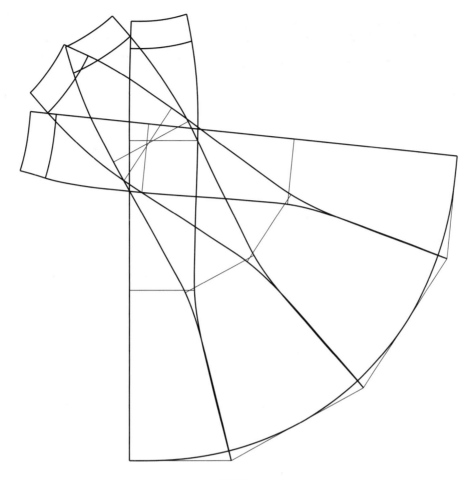

图 24-4

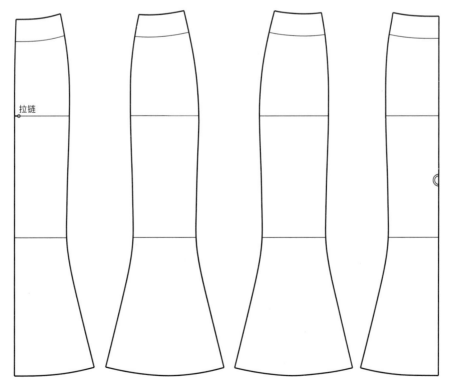

拉链

图 24-5

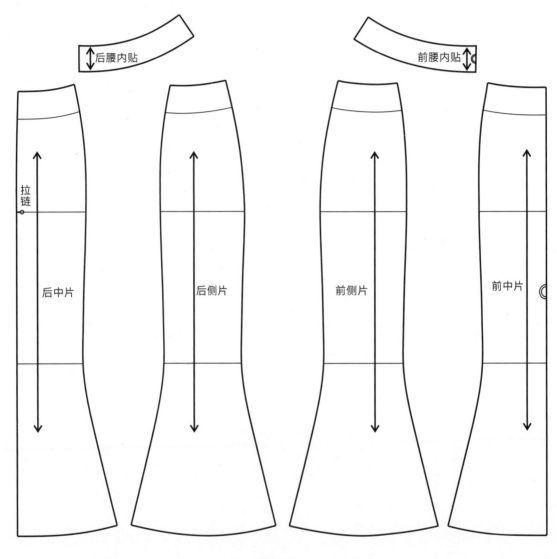

后腰内贴

前腰内贴

拉链

后中片

后侧片

前侧片

前中片

图 24-6

　　将所有裁片上的过程线删除，保留一些关键的线条，检查每片的对位记号确保完整，然后作布纹线并备注裁片名称。这里的裁片都为净版（图 24-6）。

25 A 形裙

（一）款式图（图 25-1）

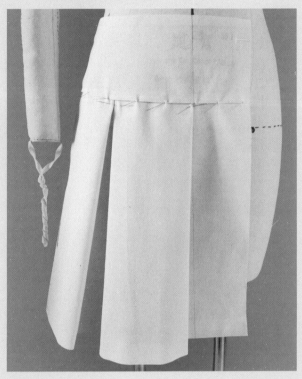
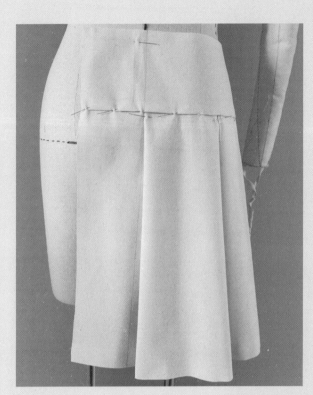

正视图　　　　　　　　　图 25-1　　　　　　　　　背视图

（二）样板规格（表 25-1）

表 25-1 样板规格表（单位：cm）

裙长	腰围	臀围
48	72	94

学习重点

1. A 形裙下摆量的分配方法。
2. 前后片褶量、褶位的确定。

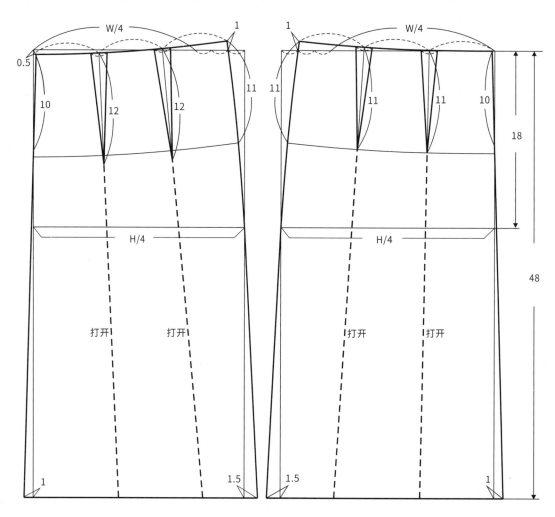

图 25-2

（步骤 1 ~ 14 见图 25-2）

1. 裙长线：按照裙长画一条垂直线为前中线。

2. 腰围线：过垂直线顶端作水平线为腰围线。

3. 臀围线：从腰围线向下 18cm 画水平线为臀围线。

4. 前臀宽线：从前中线向左量取 H/4 并作垂线为前臀宽线。

5. 前中缝：下摆处前中线向外出 1cm 得一点，前中腰围线向下 10cm 得一点，连接 1cm 点和 10cm 点，并延长线段到腰围线为前中缝。

6. 前腰围：从前中线向左，在腰围线上量取前腰围 W/4 找一点，将该点到前臀宽线的距离三等分。

7. 前侧缝：下摆处侧缝向外出 1.5cm，连接 1.5cm 点、臀宽点及侧腰位置第一个三等分点并延长弧线 1cm 为腰线起翘，然后连接起翘点到前中点为前腰线。

8. 前片省：将前腰线弧长三等分，两个等分点为省中线端点，省量均为 1.8cm（侧腰位置三等分的长度），

前中省长 11cm，前侧省长 11cm。延长省中线到下摆位置为展开线。

9. 后中线：向左延长前片所有水平线，并在左侧作垂直线为后中线。下摆处后中线向外出 1cm 得一点，后中腰围线向下 10cm 得一点，连接 1cm 点和 10cm 点，并延长线段到腰围线为后中缝。

10. 后臀宽线：从后中线向右量取 H/4 并作垂线为后臀宽线。

11. 后腰围：从后中线向右，在腰围线上量取后腰围 W/4 得一点，将该点到后臀宽线的距离三等分。

12. 后侧缝：下摆处侧缝向外出 1.5cm，连接 1.5cm 点、臀宽点及侧腰第一个等分点并延长弧线 1cm 为腰线起翘，后中点下降 0.5cm 并与起翘点连弧线为后腰线。

13. 后片省：将后腰线弧长三等分，两个等分点为省中线端点，省量均为 1.8cm（侧腰位置三等分的长度），省长均为 12cm。延长省中线到下摆位置为展开线。

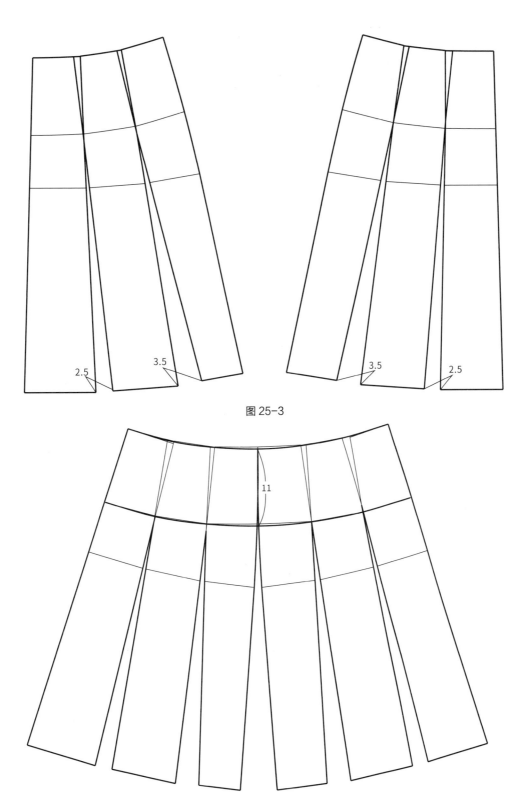

图 25-3

图 25-4

14. 分割线：前后腰线向下平移 11cm 为分割线。

（步骤 15、16 见图 25-3）

15. 前片展开量：沿两条展开线剪开，合并一部分腰省。前中展开量为 2.5cm，前侧展开量为 3.5cm。

16. 后片展开量：沿后两条展开线剪开，合并一部分腰省。后中展开量为 2.5cm，后侧展开量为 3.5cm。

17. 修顺腰线：将前后片侧缝拼在一起，会发现侧缝位置有凸起，修顺腰头弧线并画顺分割线（图 25-4）。

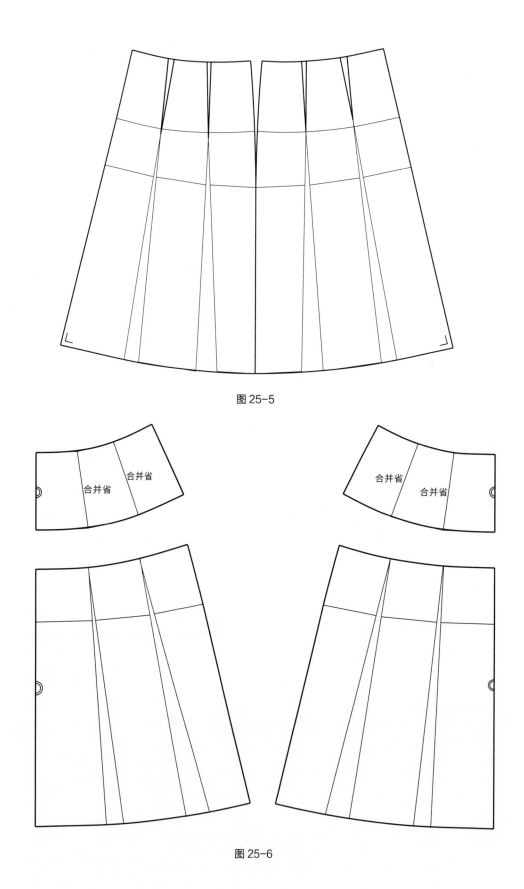

图 25-5

图 25-6

18. 修顺下摆线：将前后片侧缝拼在一起，修顺下摆弧线，保证下摆弧线在前中和后中处为直角（图 25-5）。

19. 合并上片省：分离上下片，然后将上片剩余省量合并，修顺腰围线和分割线（图 25-6）。

合并省 合并省

合并省 合并省

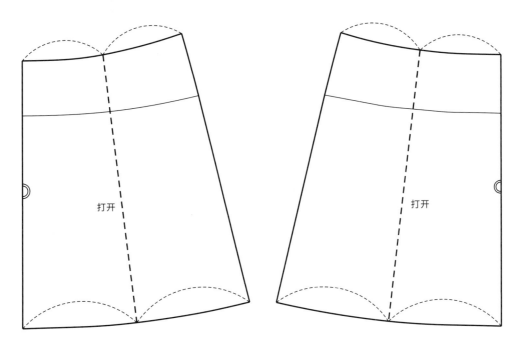

图 25-7

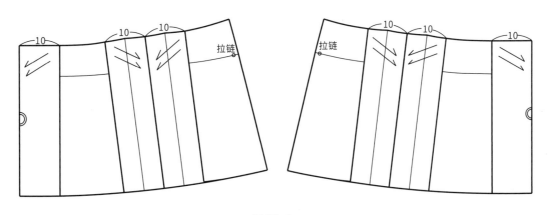

图 25-8

20. 褶线位：分别将前后片分割线和下摆线平分，连接中点为褶的展开位（图 25-7）。

（步骤 21、22 见图 25-8）

21. 前后片褶：通过观察确定，褶为平行褶，单个褶深 5cm，打开量为 10cm。按照确定的褶位加出褶量，在褶合并的状态下修顺腰拼线，然后将褶打开修顺下摆线。

22. 拉链记号：侧缝臀围线的位置为拉链止点，在臀围线处做对位记号。

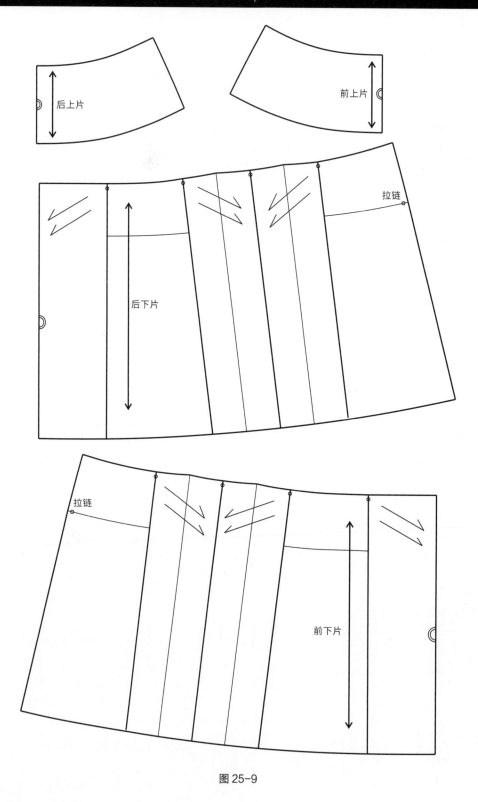

图 25-9

　　将所有裁片上的过程线删除, 保留一些关键的线条,
检查每片的对位记号确保完整, 然后作布纹线并备注裁
片名称。这里的裁片都为净版(图 25-9)。

附录 工业样板

学习重点

1. 缝份的加放方式。
2. 配里布的方法。
3. 整套工业样板的制作要求。

面布版

双排扣西服工业样板面布版见图26-1。

1. 面布缝份：下摆缝份为4cm，其他位置缝份均为1cm。

2. 后刀背缝处的缝份处理：将后中片的刀背缝缝份延长至横向长度够1cm，然后在后侧片刀背缝缝份取相同的长度。

3. 前刀背缝处的缝份处理：将前中片的刀背缝缝份延长至横向长度够1cm，然后在前侧片刀背缝缝份取相同的长度。

4. 前片省口袋位置的缝份处理：前腰省口袋位置的最小间隙只有1.6cm，所以两边的缝份均为0.8cm。

5. 后袖缝的缝份处理：大小袖后袖缝缝份在袖山处为直角。

6. 领片的缝份处理：领座和翻领接缝处的缝份两端为直角。

7. 挂面：从挂面顶点向外向上分别出0.3cm，并修顺弧线。

8. 样板上需要标注的内容有号型、样板数量、日期、名称、款号等。

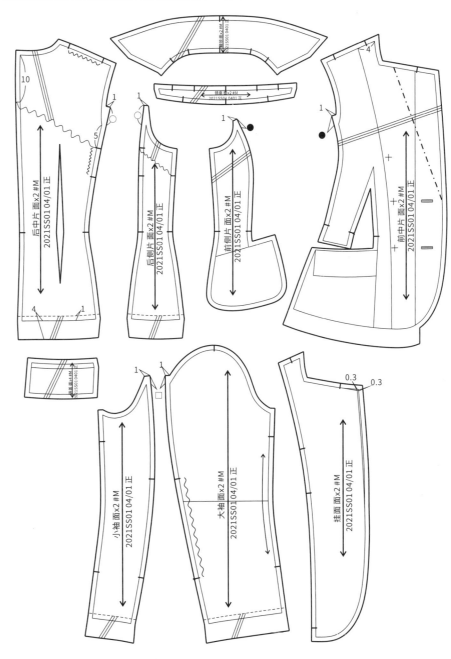

图26-1 工业样板面布版

双排扣西服工业样板里布版见图 26-2。

1. 后中：领口处加大 1.5cm，腰围处加大 1cm，下摆处加大 0.5cm，连接三点并修顺后背缝。

2. 侧缝：前后侧缝分别向外平移 0.3cm。

3. 前中片：与挂面接的一侧向外平移 0.3cm，下摆处向下延伸 0.5cm，并从下摆向上 2cm 处做对位记号。胸围线向上向下 5cm 处分别做对位记号，里布缩缝。

4. 袖山弧线：从腋下点向上 1cm，从刀背缝处向上 0.3cm，连接两点并修顺袖窿弧线。

5. 袖片：大小袖片前后袖缝向外平移 0.3cm。

6. 袖山弧线：腋下点、前后袖缝点处分别向上抬 1cm 并重新连接，然后修顺袖山弧线至袖山高点。

7. 里布所有缝份均为 1cm。

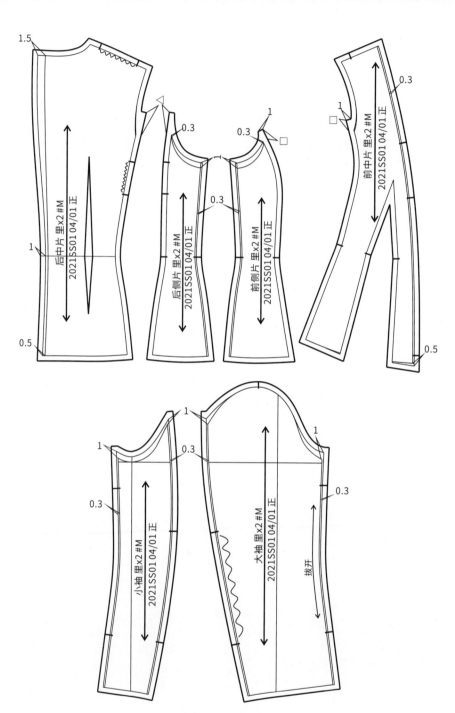

图 26-2　工业样板里布版

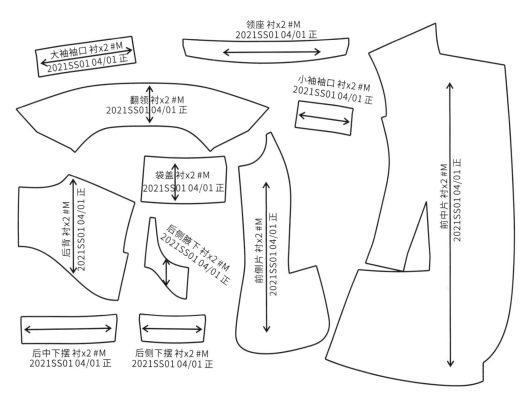

领座 衬x2 #M
2021SS01 04/01 正

大袖袖口 衬x2 #M
2021SS01 04/01 正

小袖袖口 衬x2 #M
2021SS01 04/01 正

翻领衬x2 #M
2021SS01 04/01 正

袋盖衬x2 #M
2021SS01 04/01 正

前中片 衬x2 #M
2021SS01 04/01 正

后背衬x2 #M
2021SS01 04/01 正

后侧腋下 衬x2 #M
2021SS01 04/01 正

前侧片 衬x2 #M
2021SS01 04/01 正

后中下摆衬x2 #M
2021SS01 04/01 正

后侧下摆 衬x2 #M
2021SS01 04/01 正

图 26-3　工业样板衬版

双排扣西服工业样板衬版见图 26-3。

1. 前片：前中整片覆衬，前侧整片覆衬，衬的布纹线方向同面布版。

2. 后片：在面布版后中片上，从后中点向下量取 10cm，从腋下点向下量取 5cm，两点连弧线为后背衬；后中片、后侧片下摆处净边向上平移 1cm 到缝份底边处分别为后中、后侧下摆衬，衬的布纹线方向顺着裁片的长度方向。

3. 袖子：大小袖片袖口处净边向上平移 1cm 到缝份底边处分别为大小袖袖口衬，衬的布纹线方向顺着裁片的长度方向。

4. 领子：领座和翻领均覆衬，衬的布纹线方向同面布版。

5. 口袋：袋盖覆衬，衬的布纹线方向同面布版。

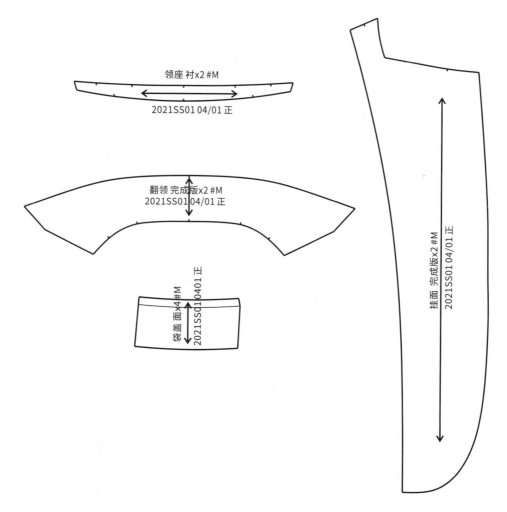

领座 衬x2 #M

2021SS01 04/01 正

翻领 完成版x2 #M
2021SS01 04/01 正

袋盖面x4#M 2021SS010401 正

挂面 完成版x2 #M 2021SS01 04/01正

图 26-4　工业样板净版

　　双排扣西服工业样板净版见图 26-4。
　　需要提供净版的裁片为领座、翻领、袋盖和挂面,
方便扣烫使用。